香港正菜

陳曉蕾

JPC
HK

目錄

秋

九月 September

十月 October

冬

春

三月 March

四月 April

夏

五月 May

六月 June

七月 July

八月 August

附錄

序

自序

陳曉蕾

「我會出版一本關於香港農業的書。」我在咖啡廳告訴朋友。

他即時反應：「無人睇喎！」

「唔……」有點尷尬，早上剛好去過農田，於是從袋子拿出一條粟米。

朋友：「好綠！熟了嗎？」

「熟了，早上才剛摘下來。」我心想，他平時看到的粟米，都是被跨境運輸折騰得渾身枯黃吧。

用咖啡羹刮下兩粒粟米，遞過去。

他有點猶豫，還是接過調羹放到嘴裡，「嘩，好甜！」兩眼突然發光！

我高興地再從袋裡掏出三粒蒜頭：「這是農夫用了一年時間去生產的。秋天下種，春天才收成，在繩子上掛了一整個夏天，收乾水份，然後秋天才拿出來賣。」

蒜頭外皮緊緊裹著蒜，裡頭一粒粒蒜子有大有小但都非常結實，一看就知道不是那種鬆泡泡大小劃一的工業農場貨色。

一年時間，才有這蒜頭。

「香港農業式微，但全心全意去做好一件事，永遠不會過時。看見農夫對著土地埋頭苦幹，那種耐性和韌力，會感動：香港原來除了地產，還有農作物出產，而香港人除了炒股票，竟然也有種田的。我想寫的就是這些——

從一條粟米、三粒蒜頭，看到香港的好。」

朋友沒作聲，一會兒，問：「這粟米賣多少錢？」

「送的。」我不禁笑著揚起眉頭：「在田裡但凡讚什麼種得好，所有農夫都會豪氣地馬上摘下，硬要送過來，一般人哪會這樣愛分享？」

序

耕讀傳家

陳雲

舊時大宅正廳的匾額，有時寫「詩禮傳家」，有時寫「耕讀傳家」。寫「詩禮傳家」的，是仕宦顯赫之家；寫「耕讀傳家」的，則是鄉郊的莊園，有時逃避朝廷災禍而隱居，便教子女耕讀以傳家業，也傳授兵法武藝，保護家園，這是武俠小說常見的情節了。

童年在元朗，父親逃避大陸劫火，因落難而隱居田園，一家度過十多年的耕讀生涯，種菜讀書，即使不是讀古書，也有古意。料想不到，近年也有城市文人歸園田居，體會耕讀生涯。在大自然取得生機，這是文化復興之兆。一個小田莊，一群人的文化體驗，不期然令我想起以色列人的自治農莊，即是 kibbutz（基布茲），也令我回憶起五四時代旅居日本的中國文人仰慕的「新村運動」、台灣民主化鬥爭的鄉土運動。重新發現土地，是文化更新之深密動力。一群人在靜靜耕作，與一群人在靜靜讀書，會發揮莫大的文化威力，可以傳家，可以傳國。諸葛亮出山之前，也是躬耕於南陽的。

宗妹曉蕾於數年前訪問過我，在鬧市銅鑼灣，關於香港鄉土文化、文物保育之類。後來她身體力行，走訪在本地耕作的農夫去了。一直有讀她的網誌南涌年紀，讚歎她貼身報導和那些開墾土地的農夫的毅力。在今日新界房地產惡勢力圍困之下，耕田比起三四十年前要艱難得多。讀《香港正菜》的書稿，令我想起節令、菜種和蓮塘。現在不止童年的元朗絲苗食不到了，白菜、苦瓜、芥菜和白瓜都食不到。除了芋頭之外，我最喜歡食蒜炒白菜和薑炒芥菜，都是自己種的。後來家裡不種菜了，在菜市買的也可，都是本地出產的。近年菜市看見的翠玉瓜、意大利生菜和羅馬生菜，都好食；魚翅瓜則名稱浮誇，既提倡禁食魚翅，此瓜也必須重新改名。豆角有白的、青的和紅的，冬瓜是結霜的，南瓜以前村裡叫金瓜。當年亂丟瓜種，結果在田頭長出一叢金瓜苗，結了金瓜，個個十幾斤重，但當年父老認為金瓜濕氣，結果食不完，在田頭爛了。十年前，去台灣旅行，在九份的後山亂闖，結果去了一個名叫金瓜石的鄉村。名字一直惦記到今，偶然也會夢遊舊地。

中文「地產」的今義，是房地產或樓房地產的簡稱。中文是簡潔的語言，用簡稱便有問題。現代的簡稱名詞，多是內藏殺機的，如香港近年的「教改」、「政改」，大陸的例子如「土改」、「文革」，舉一個也夠嚇煞人的。中文「地產」的本義，即不是簡稱的地產，是土地所產之意，農產是也。《周禮．春官．大宗伯》：「以地產作陽德。」鄭玄注：「地產者，植物，謂九穀之屬。」《呂氏春秋．上農》：「是故當時之務，農不見於國，以教民尊地產也。」高誘註：「地產，嘉穀也。」

農不見於國，不論古今，都是大凶之事，為政者便要教民尊重地產，重新耕田種地。為政者不做事，放任地產炒賣，國將不國，民間便要自救，耕田種地。

秋

九月
September

「媽媽有天炒了一碟菜：矮矮的，肥肥的，葉子好皺，放進口裡，好臉好甜！我問媽媽這是什麼？她說是鶴藪白，這個名字我一直沒忘記。」

九月

土地是如何開墾的

那野草，十幾呎高，站在裡面拚命伸高手，也觸不到草尖。

爬上河邊的大樹，才隱隱約約看到林間的草海是平的——起碼是一塊平地。「怎除草呢……」阿杜不是沒有考慮過，但更強的念頭是：「要種田，就得付出。」

阿杜二十歲時已經決定人生要這樣過：三十歲要有自己的公司、三十五歲結婚生子、四十五歲開農場，自給自足悠悠閒。「人生不過是一個旅程，不過旅行前總會先計劃好吧。」他理所當然地如期達到所有目標，二零零五年四十五歲，到綠田園學耕田，次年完成香港有機農業協會舉辦的有機農業入門基礎課程。

同班十三個同學，都是有心做農夫的，大家說好一起試開農場，然而單單找地方，便用了

18

九月 September

一年。

香港不是有大量荒廢的農田嗎？

那是從天空看下來的錯覺，走進去，好些農地的地主都寧可等發展商收地，期間租給貨櫃場、廢車場。再者，新界水文系統因為起丁屋、整治河道等被嚴重破壞，電子垃圾場又污染地下水，要找一塊水源清潔充足，業主肯長期租出的農地，可真困難。

「耕田租金有限，地主不會為粒花生放棄發達機會！」阿杜說走遍了新界，都找不到落腳點。

剛好粉嶺鶴藪村的村長出席綠田園的農業講座，阿杜趁機追問，村長想了一會，說：「後山有條河的上游，應該還有一塊太公的田，不過三四十年沒人耕過了。」阿杜往地政署、漁護署等核實業權後，毅然租下鶴藪村上游的五萬呎地。

十三個同學，只有四位真的與阿杜一起湊錢，承諾起碼一星期來一天開墾。

荒廢了三十多年，一粒種子也長出大樹來，地裡已被樹木佔據了。幸好鄰居正好經營「大樹酒店」：一些地盤會先把樹木移開，待工程完成再種，期間，大樹便在這種酒店暫住。

鄰居拍拍心口，把阿杜田裡一百多棵樹移走，有時發展商斬了樹，正好需要再種樹。

租地時是二零零七年七月，酷熱難擋，阿杜和同伴一直與野地搏鬥，用挖泥車挖起大樹，野草就靠人手去斬去燒……十一月吹來秋意，地上終於露出損毀不堪的古老田基。

「開頭很天真，以為把地填平了便可以種菜，但發現要用好多好多泥土！而且前人智慧，早已按照地形陽光和水流開墾，修復好過重新規劃。」阿杜說。

田基，指圍著田的範圍，通常用石頭砌成；

田壢，是田裡壟起的部分，讓農作物的根有足夠氧氣；

田坑，讓水流過的小溝；

阡陌，田間的小路……每一個陌生的詞語，背後都是汗水。

節外生枝是，電燈公司以為是荒地，已經在田中央插了好幾根電線桿。足足九個月，電燈公司才完成路政署、環保署、漁護署……所有部門的申請手續，把電線桿移走。

工程人員好心地留下一些環保磚給阿杜，那磚有九個小洞，讓草長出來束緊磚頭。阿杜住的沙田第一城也正好換溝渠蓋，環保磚加回收的渠蓋，農場有路了！

然而五位合夥人，只剩下三人。

「本來有一位打算全職當農夫，受不了基建工作沒完沒了，半年來都沒機會耕田，走了。」阿杜不放棄，擱下成衣銷售工作，一星期四天下田。

兩年後，鶴藪村上游才豎起牌子「川上農莊」。

野地變良田，阿杜開始種菜，菜也長得好漂亮，可是沒人來買，亦付不起交通費和人工運出去賣，單是由鶴藪村運出粉嶺市中心，來回客貨車車費都過百元，那菜得賣多少錢？

「後來下大雨，因為排水沒做好，原本翠綠的生菜，全部因為水浸發霉，一拿上手，黑色的菜汁就流下來。」不單原先一起開農場的朋友離開，連幫忙淋水的阿姐也受不了白白看著瓜菜爛掉，辭職不幹。

冬天黃金種植季節亦失收，夏天苦熱更無著落。阿杜於是特地飛去台灣學習「永續栽培」（Permaculture 由澳洲開創，台譯「樸門」）。大自然本來就是萬物互相效力，這套農耕法追求簡樸但有效地發揮大自然資源：比方農莊養豬，把粟米丟在田裡，豬為了吃粟米就會翻土，豬糞是肥料，種出來的蔬菜，棄置部分又可以餵豬，利用這天然的互利互惠關係，不費力地持續發展。

本地農場很難領牌養動物，但香港最多就是香港人——正好發展農業加工附產品，種菜班、摘菜班、剩菜都可以開班教做醃菜！提供人手之餘，趁機處理剩餘的農作物，並且增加人流和銷售量。阿杜嘗試開辦麵包窰等各式各樣的工作坊。

同時，他繼續開墾，根據「永續栽培」的理念打造他心目中的農場：

減少種植需要打理和限時沽清的瓜葉菜類，改種芝麻、花生、洛神花等容易保存和可以加工的農作物；在人們活動範圍較少的地區，種植「多年生」農作物和果樹，平衡生態、保護水土；加建三個水池處理污水，水池亦可以吸引更多昆蟲，幫助農作物授粉……

阿杜手畫的規劃圖，非常仔細，每一筆，除了汗水，還要時間。

22
九月 September

Permaculture

「有機種植」只是一個點，不要用化肥和農藥破壞環境，可是也沒有幫助生態環境；日本「自然農法」是一條線，種植中也考慮生態，減少除草、輪種等，致力改善土地質素。而最先創立「永續栽培」（Permaculture）的澳洲農業生態學者 Bill Mollison 和 David Holmgren，就希望可以是一個循環概念，通過規劃不但改善種耕環境，還要使經濟上自給自足，並且發展社區。它有大量理論和原則，去達到自然和人類之間互相協力，讓各自發揮最大的力量，其中還有理論研究永續的城市規劃。

24
九月 September

葉家好種

葉子盛每一年，都一定會種三種農作物：豆角、芥蘭、青皮大冬瓜，因為這三種種子，都是他爸爸留下來給他的。

「試過有一年，『大青皮瓜』種得不好，沒辦法留種，第二年又不能用前年的種子再種，唯有回去找老竇叫救命！所以現在無論多忙，每一年都會種，不能懶。」子盛說。

葉爸爸兩年前已經過身。

好種子是農夫的命根，一粒種子，也可以牽扯到葉家甚至中國近代史。內地五六十年代「以糧為綱」，政府大力鼓勵農民種大米和大豆，蔬菜瓜果這些農業副產品都不被重視，「大躍進」後的大饑荒，連填飽肚子也難，大量傳統瓜菜品種，流到香港繼續栽種。大批難民湧到香港，除了帶來技術和資金令本地工業起飛，原來亦引入種子和人手，使本地農業由主力生產稻米，改種更高經濟效益的蔬菜。

葉爸爸是馬來西亞華僑，因為不想跟父親務農，五十年代特地去「新中國」留學，一九七二年，都是教師的葉爸爸和葉媽媽來到香港，輾轉落到打鼓嶺種菜。廣東話一句都不懂得說，只管對著土地埋頭苦幹，葉爸爸就是其中靠馬來西亞親戚帶來的豆角種子，養大五個兒子。

走到田裡，子盛種的豆角好肥好長！把手伸直，豆角居然由指尖長到肩頭。「我老竇種的有三、四呎長，由地下計起，長到腰部！我家夏天生計就靠這豆角。」子盛用手比比腰部。這樣長的豆角，吃起來，意外地軟身。

子盛卻不滿意：「這條老了，有渣。」豆角本來是夏天當造，這些都是用來留種的，但吃起來也好有菜味，感覺只是比較多纖維，有機菜，不就是比較高纖維嗎？

一說，子盛就扯火：「誰說有機就可以有菜渣，根本是不懂得種，種得不好，這些菜如果拿來賣，一定給老竇罵！做人要有尊嚴，做農夫要有態度，賣有渣的菜，等於賣次貨，賣出去不等於騙人嗎?!」

可是有機菜不用農藥和化肥，種得出已經不容易——

「農藥和化肥只是兩樣，」子盛搖頭：「還要懂得翻土、控制水份、用種子、看天氣……這些都是傳統農業技術，我老竇雖然不是有機農夫，但七成的技術都可以向他學習。」

子盛小時也沒有跟父親學，葉爸爸一定要所有兒子都唸上大學，非不得已，都不會叫兒子落田幫忙。子盛唸完大學資訊系統，卻跑去綠田園當導師，二千年更自己開有機農場O-Farm，並且租田給一般人當「假日農夫」。

葉爸爸嘴裡很生氣，心裡還是疼兒子，大清早便跑去幫子盛開田，所有好種子都不忘分給子盛。

子盛非常自豪爸爸懂得耕田，但凡讚他田中的農作物，他都不以為然：

「大樹菠蘿好大？我老竇種的更大！」

「我種老黃瓜，一排收三四十個，我老竇可以種到五六十個！」

唯一自豪是和太太一起種出了五十七斤重的有機青皮大冬瓜，比老竇四十多斤的更重。

「老竇會讚我種的菜好吃：『有機，當然好食！不過……都不用這樣好吃啦。』他是覺得我用有機方法耕種，太辛苦。」爸爸說過的話，子盛都記得很清楚。

本地其他品種可不一定有福氣可以傳下來，雖然八九十年代不少香港農夫去廣東開農場，把當地失傳了的菜種又帶回去，然而八十年代初農地開始起丁屋、變魚塘，好些品種自此消失了，包括打鼓嶺的「雷公鑿」苦瓜和鶴藪圍村的「鶴藪白」菜。

28

九月 September

留種

葉家豆角的種子是黑白色的，新界還曾經有台灣品種豆角，種子白色，而一般種子店買到的豆角種子，都是紅色。

和子盛一起拆開豆角留種，就看出分別來了：子盛種的豆角，十粒有九粒都是外貌飽滿可以留下來，農友種的十粒勉強只有一粒能留下。

下雨天，種子要先在冷氣房吹乾，再好好收到冰箱。葉爸爸年代沒有冰箱，種子會放在用完的農藥罐裡，靠那剩餘的農藥氣味防蟲。

子盛也很希望這些種子可以留給自己的兒子：「我不會強迫他學種田，像老竇希望我做文職……但幫忙落田就會有零用錢，這樣他才會懂得自己的根。」

子盛兒子，今年一歲。

火拚鶴藪白

目光如炬，都射向眼前一排排的白菜。

人人手上各有一張評分紙：

那莖幹，有多短？有多肥？

那葉子，有多綠？有多皺？

還有即場試食，那白菜，有多軟身？有多甜？

這些白菜分別由六、七種不同的種子種出，全部都自稱是曾經名滿香江的「鶴藪白」；評分的，都是提供種子的種子公司。為了公平公正，早幾個月便把種子交給政府大龍實驗農場，全部只列上編號，由政府的人去種植。

誰也不知道哪一些白菜，是自己的種子種出來，可是誰也堅持：自己手上的種子，是「真正」的鶴藪白。

金睛火眼，細細咀嚼，評分紙寫滿了分數，一計：居然有兩個品種同分！

整場比併的始作俑者，是漁護署農業主任陳兆麟。

他依然記得兒時的一件事：

「媽媽有天炒了一碟菜：矮矮的，肥肥的，葉子好皺，放進口裡，好脸好甜！我問媽媽這是什麼？她說是鶴藪白，這個名字我一直沒忘記。」

陳兆麟後來進到漁護署的園藝組，負責挑選及改良農作物品種，他不時向農夫提起鶴藪白，但大家說：街市的白菜凡是葉皺一點、肥一點，便寫上「學斗白」，根本不是真的。

上世紀六十年代末、七十年代初，粉嶺鶴藪村有一位姓鄧的叔公，種的白菜與別不同，很受歡迎，售價是其他白菜的兩倍。後來鄧公把種子分給村民，這白菜漸漸成為村中特產，外間稱為「鶴藪白」。

八十年代是鶴藪白的全盛期，菜販主動預訂、假日遊人也會進村購買，村民完全不用把鶴藪白拿出市場賣。

無論村民多小心保管鶴藪白的種子，還是有部分流出村外，奇怪是，其他地方種的，味道就是不一樣。有說鶴藪村在打鼓嶺四面環山，只有北面有一片開闊土地，溫差比較大，夜裡天冷，白菜吸呼不那麼旺盛，消耗的能量相對減少，因而累積更多糖份。

陳兆麟補充：直至七十年代中期，鶴藪村民還有種稻米，兩造米之間的中秋至重陽節期間，往往會在禾田上種白菜，由於禾田肥力充足，種出來的白菜特別肥大。只是七十年代末，村民開始沒有種稻米，田地全部改種菜，一年幾造，菜田種出來的白菜，已經「縮水」了。

再加上八十年代中期，鶴藪村民年紀大的退休，年輕的不是轉行，便是移居海外，地道的鶴藪白亦隨之消失。

現在種子公司也有鶴藪白種子，來源說是公司找村民留種，或者是遊人隨手帶走的，但都無從稽考。陳兆麟於是接觸種子商會：「大家都把手上的鶴藪白種子拿出來吧，種出來，大家觀摩一下，看哪個最接近原種？」

各人一致讚好，二零零六年種子商會有六、七個會員都把自己的鶴藪白種子拿出來，經過一輪的評分，有兩樣種子同分——那就都是大家公認最近似原種的鶴藪白吧！

漁護署接著公開推介這兩間公司的種子，鶴藪白這幾年間，已在各個有機農場種出來。

鶴藪白

陳兆麟指出鶴藪白的來源有兩種說法：

一九四九年後，有上海人在粉嶺種「塔菜」（塌菜），與「黑葉白菜」雜交後，長出的品種，便是鶴藪白。因為受塌菜影響，葉皺矮腳，味道腍甜。

另一種說法是「江門白」和「匙羹白」雜交，鶴藪白因而短柄肥厚像匙羹，形狀像花瓶。

鶴藪白長得好快，十日剛剛冒出新芽，十五天長出幼苗，四十日便可以收割。農夫說鶴藪白並不比一般白菜難種，最重要是看時候，秋冬是綠葉菜收成期，什麼都種得好，所有菜都好吃。不過由於是有機種植，鶴藪白的纖維相對多了，沒有以往用化學肥料那樣軟身，外表也比以往高一點、綠一點。

農夫坦言：論味道，有機鶴藪白更有菜味，但就不再是昔日的「腍甜」。也聽過另外一位老農夫說傳統的鶴藪白個子很小，現在漁護署推廣的，愈種愈大棵。

十月
October

馬屎埔將來假如亦變成一模一樣的私人屋苑，香港生活，也只能留下那條裝模作樣的馬「適」路？

十月

種菜日記

漁護署經過一番比拚，找出最接近原種的「鶴藪白」後，把勝出的種子分發到多個有機農場。

我去了其中一個，就這樣遇到阿三。

叫她阿三，因為她是農場主人的女兒，家裡排第三。

一收到客人來電要買「鶴藪白」，阿三就和幫工一起去田裡收割。她熟練地拿著割菜專用的小刀子，一刀一棵，空空的菜籃，很快便裝滿了。

「小時候，我們都要幫忙拔『菜頭』。」阿三告訴我。白菜生菜等剩下的葉子不多，翻翻土便可以再種，但菜心只要最嫩的一段，田裡剩下好大一把，便要一棵棵拔走。

她笑著說：「拔一行，會有一蚊雞！我們四姐妹會鬥快，看誰最快拔完一行！小時候，真開心！」

因為喜歡種田，所以留下來幫忙嗎？

阿三搖搖頭：「我不喜歡耕田，大人要我下田拔草，我靜雞雞回家，寧願留在家裡幫手，耕田好熱！你們城市人，見到紅蘿蔔都說好得意！好可愛！我們見慣了，沒有什麼感覺。」

四姐妹是輪流回來幫忙？

「她們都出去做工。我身體不好。」她依然帶笑說：「我喜歡鄉村，不想出去。」

然而笑容漸漸有點不自在：「以前做文員囉……暫時不想再出去做事了……精神好，就來幫忙，不然留在家裡好悶……

這裡，沒這麼大壓力。」

後來，阿三的爸爸告訴我，她精神出了毛病。

剛剛結束的香港社運電影節，播出台灣紀錄片《種菜日記》，拍攝對象是當地一群在「風信子農場」種菜的精神病患者。

在醫院，病人永遠就是病人。正常人發脾氣是正常，但精神病人發脾氣就是病發；癌症病人可以看幾個醫生、聽取不同的治療方案，可是精神病人對醫生，不能有丁點質疑。而在風信子農場，幹事和病人都稱為「夥伴」，大家一起種菜，病人有了工作的身份，就不再只是病人。

主辦機構「風信子協會」選擇種菜，因為土地和人一樣，都病了。

土地不斷被化肥和農藥摧殘，人也一直給追求效益拚命消費的社會榨乾，風信子農場以有機方法耕種，一來希望藉著農作物的生長，重新體會生命，二來在尊重地球環境的同時，學習善待曾經生病的人。

紀錄片中，也不是每個夥伴都喜歡種菜，有的嫌辛苦，不肯鋤地、不願揹重東西。但印象最深，是一位夥伴比較農場和工廠的分別：

「工廠要趕工，工作又是不斷重複，完全不自主；可是農場裡，事情可以拿出來討論。」

還有：每一棵菜，長得都不一樣。

農夫的時間再忙，也不會被要求「十點前一定要完成」。

累了便休息，明天再繼續。

這會否便是阿三說的「沒這麼大壓力」？土地比老闆，寬容得多。

有机

新生農場

香港不乏社會福利團體，透過耕田提供服務，例如專為長者而設的農場、戒毒中心附設菜園……新生精神康復會便在屯門開設「新生農場」。

農場兼營生態旅遊，設有不同主題的教育及觀景區：有機農業展覽館、有機香草園、有機蔬菜種植區、蝴蝶園、本草園及有機仙人掌園……康復者擔任導賞員，沿途為遊人介紹及講解有機種植及環保知識，會和參觀者玩遊戲，還要經營茶座賣有機香草茶、自製小食和種出來的菜，又會拿去幾個港鐵站的「新生農社」出售。

有別於台灣風信子協會的會員靜靜地種田，人們會接受各式各樣的培訓，增加就業機會。

白菜仔耍花槍

粉嶺馬適路像刀子一樣割開城市和鄉村，一邊商場屋邨林立，一邊是日漸荒涼的馬屎埔村。

馬屎埔曾經是香港其中主要的農業區，五六十年代內地人湧來，原本種稻米的馬屎埔開始種菜，人們在菜田搭屋而居，這才發展成一條村子，全盛期超過二百多戶人居住。近這十多年，地產商暗暗收購，但還有幾十戶，繼續堅持留下。

地產商買下土地，隨即把村屋拆掉、農地棄置，一心等政府批准發展。

對面住在高樓的見了，竟然心思思越過馬路，拿起鋤頭重新開墾。

公公和婆婆種的地，只有幾百呎，可是種了好多品種：幾大球油麥菜，夾雜小小幾排蔥；

生菜中間，又有兩株茄子；辣椒對開，是一棵木瓜；而最前三排全部種了菜心，長得非常有氣勢。光看這塊田，就能猜到餐桌上會出現什麼菜。

婆婆的擔挑兩頭掛著水壺，熟練地灌溉芥蘭：「以前做工廠的，老了沒人請，便來玩啦！種田，眼見工夫罷了，見到草就摘，見到菜就淋，唔使學。」

公公蹲下來拔雜草：「吃得完就吃掉，不然拿去天光墟，呢，就在對面球場，有得賣就拿去賣，不然便留在家裡吃，正所謂『有錢吃鮑魚，無錢吃番薯』。」

婆婆拿著專業的割菜刀，彎腰收割白菜仔：「隔離屋叫我摘的，我送也不肯要，堅持要給錢，說婆婆種得這樣辛苦，怎能白吃。」

「大家都知道肥料貴，前年一百五十蚊一包花生麩，今年要三百多元！」公公還沒說完，婆婆便插嘴：「肥料錢都賺不回來，莫講話人工錢。」

一唱一和，正是合拍，怎料突然反面——婆婆：「你還沒種菜仔？」

公公：「我拔完草仔才種啦。」

婆婆：「叫你種兩紮菜，又未種！」

公公：「拔完就種啦，吃飯當然扒埋白飯才挾菜。」

剛好在附近種菜的先生來拿水，婆婆馬上說：「你看人家李生，都不用太太來種菜！」

李先生連忙答：「她無你咁好本事。」

婆婆再借題發揮：「你不捨得她做吧！」

公公接得真準：「我也不捨得你做，讓你見吓日光啫！」

好醒目！大家都笑了。

公公婆婆結婚快五十年，孫仔也大學畢業上班了，兩老住的正是對面設有會所的私人屋苑。

為什麼會所這麼多康樂設施，還會去種田賣菜？

馬屎埔將來假如亦變成一模一樣的私人屋苑，香港生活，也只能留下那條裝模作樣的馬「適」路？

48

十月 October

馬尾白

婆婆說：「昨天摘了白菜仔，回家搭電梯有個男人說好有菜味！我說你還沒有煮，就好菜味？他答，聞到都知道啦！」

公公再讚多一句：「鄰居前晚吃了一紮，今日就要四紮啦！」

讓兩老非常自豪的白菜仔，並不難種：種子不必泡水，直接撒在泥裡；一個星期便會長出「綠地毯」，這時就要疏苗，確保每株都有空間生長；兩個星期，可以施肥；四個星期，便能收割！只要保持日照、空氣流通，連大廈窗台也可用花盆種。

兩人選的，是短腳的小白菜，似乎不知道馬屎埔原來曾經盛產「馬尾白」。這是一種高腳的白菜，在炎熱的夏天，也能生長。但因為粗生反而不矜貴，現在已經很少農夫種了。

50

十月 October

香草拓染

眼前一大盆香草：薄荷、迷迭香、益母草、天竺葵……卻不是拿來吃，而是用來「拓染」。

小時候有沒有玩過「拓銀仔」？把紙蓋在錢幣上，用鉛筆輕輕打斜劃，一劃一劃，女皇頭便慢慢浮出來。偶然得到鑄有「男人頭」的舊銀仔，即是英女王的老竇？好衿貴！想儲起，又忍不住想用，便會小心翼翼拓下來，當作「收藏」。

也曾去九龍衙前圍村，看著古老門窗日漸荒涼，忍不住拿出記事簿，把玻璃窗上的花紋、木門的銅環，一一拓下來，用的是同行女子的眉筆。拓圖有一種觸感，由筆尖到指頭再落到心裡，比單單用眼睛看，更有感覺。

所以看見「環保媽媽」林麗珊開班教植物拓染，馬上報名，那一大盆香草全是她一早在自家花園摘下來的。

我拿起一塊番茄葉子，氣味好濃，難怪最初由南美傳去歐洲時，人人都以為有毒。蓋上白布，用圓石頭輕輕敲打，葉紋清楚地浮現，只是一拓到葉莖，汁液全部流出來，都化開了！

「多水便會化開，可以再墊一塊布。」林麗珊說：「試試用葉面拓，和用葉子的底面拓，葉紋都會不一樣。」

把布拿起，卻發現葉子拓在墊著白布的木板上更好看。

反正白布都「髒」了，索性拓上不同的香草：平時用來煲湯的益母草，葉形原來好漂亮；金錢蓮小小的圓葉子，想不到顏色這樣多變化；紫葉酢漿草拓出來，一片嫣紅……平常見慣的本地雜草，顏色、形狀、氣味都截然不同，每一塊葉子都是獨一無二的，在白布上，豐富地砌出小小的叢林。

「大自然真係好靚。」林麗珊看了說。

她以前做紡織採購，不時要去染廠：「染廠好臭好污糟！染藍色，所有東西都是藍色，連狗也是！第二天染黃色，那狗就黃加藍變綠，好慘！」

結婚生子後，開始在家種菜，自己做麵包、使用不污染的清潔劑，並且特地飛去台灣學習天然染布。染布的方法很多，拓染算是入門，還有冷染、熱染、紮染、蠟染等等，效果千變萬化。原來除了植物，還可利用很多「垃圾」，如丈夫在公司喝完的咖啡渣、相熟咖喱食店丟掉的洋蔥皮，通通都可以當染料，孩子衣服舊了有洗不掉的污跡，一於重新染成新衣裳。

拓染過後，白布要拿去摻有明礬的水裡煮一會——不是說不用化學物質嗎？

「要把顏色定下來，不能完全避免。」林麗珊解釋：「我也曾經懷疑，然而就像用檸檬汁等天然清潔劑，始終不能清除廁所頑固的霉跡等，我會建議用幾滴漂白水，雖然也會污染環境，但比政府教用一比九九、一比四十九全面去清潔，已經謹慎得多。環保最重要是心態，做法要能平衡。」

煮過後，紫葉酢漿草失去紅色，與叢林一起化作深深淺淺的綠。

回家當畫貼了兩個月，顏色開始變淡，如同自然慢慢老去。

綠手指工作室

林麗珊在大埔的二樓環保店，開辦綠手指工作室，每星期都有不同的課程，除了有拓染班，還有造紙班，並且教自製乳酪，十分鐘製健康朱古力蛋糕。林麗珊希望可以把這些簡單容易的綠色環保理念，融入日常生活中。所有課堂都選用天然材料為主，而每月收益扣除成本後，還會把一成捐到不同綠色團體。

好想落地生根

漫畫家Stella So愛種的東西很特別：「落地生根」。

就是那種長在屋簷頂的野草，生命力非常頑強，那怕是一片葉子跌到隙縫裡，馬上就長出一株來，然後每片葉邊也密密麻麻地長出新葉。落地生根還會開花，幾十朵紅紅的在頂部散開，剪下來插在水裡，兩個月後還是繼續開花，而且不斷長出綠葉來，繁殖的意志力簡直驚人！

「老房子才容得下落地生根，舊村屋、唐樓⋯⋯基本上都是在舊區才找得到。」Stella說：「我一直都有留意，但直至記錄長沙灣興華街清拆，才想到可以帶回家種。」

在長沙灣一條後巷的排氣管上，長了一大叢落地生根，她馬上找椅子站高，摘下來。

56

十月 October

Stella還在唸大學，已經開始研究和記錄香港，由《好鬼棧》的舊唐樓，到灣仔利東街、觀塘、茶果嶺……一塊花花地磚也極其細心地畫下來，每項細節都不放過，然而構圖又大膽地天馬行空。她畫的天星鐘樓，頭頂會長出一棵樹！

在她筆下，香港有文化，有感情。

走上舊唐樓的頂樓，就是Stella的小花園，可以看到港島東以至西環的海景，好犀利！

風景巴閉，大大小小的盆栽可沒給比下去——敢說沒有一盆，是只種了一樣植物。

Stella前年在長沙灣摘下來的落地生根，長得非常好，陸續進攻了幾乎所有的盆栽，奇妙是還各有形狀，有些長得很高，一枝枝開了花，有些矮矮胖胖的一大叢，有些還特別秀氣，葉子不是一片片，而是一枝枝像粗粗的針。連地下也有落地生根長出來。

Stella還會收集「種子」，即是落地生根葉邊的新葉，送給不同的朋友，或者到處播種。

在她心目中，落地生根代表了香港美好的舊社區。

香港人，其實好想落地生根。

好玩的是，這邊廂 Stella 狂種落地生根，那邊廂 Stella 媽媽猛插太陽花，但凡看見任何一個盆栽有空位，都會插幾株太陽花，紅的黃的，都開得非常燦爛。

那盆栽裡原本種的，還有位置長嗎？

唏，不知長得多高興！

街尾舊樓清拆時丟出來的簕杜鵑、新年後棄置街頭的桔仔，連同 Stella 媽媽精心買回來的石榴、玫瑰、嘉樂花，都長得精精神神！連平時沒幾片葉子的桃花樹，新年時都會盡忠地開花，帶給「老少女」Stella 莫大的安慰。

其中一株細葉榕，兩年前還曾經有鳥兒築巢，生了兩粒蛋，Stella 變身生態攝影師，天天都上來拍攝，直至鳥兒出生，離去。

還有，Stella 燒製、有不同的面部表情的盆子；商場展覽後帶回家的雕塑作品……小小花園，多元文化如香港，真高興。

58
十月 October

落地生根

落地生根是景天科的植物，別名多得嚇人：厚面皮、打不死、曬不死、土三七、倒吊蓮、葉生根、番鬼牡丹、葉爆芽、槍刀草、著生藥、傷藥、生刀藥、古仔燈、新娘燈、大還魂……

這些巴閉的名字不僅形容了落地生根粗生，還表示了其藥用價值。原來把葉子搗碎，可以治療刀傷、燙傷、癰腫瘡毒等各種皮膚病，而製藥後內服，可以解毒、止血、治療高血壓、腸胃出血、咽喉腫痛等。

落地生根原產地是非洲，台灣還有園藝師加以培植，長出更大更紅的花朵，開始登堂入室成觀賞花卉。

冬

十一月

November

專家指著樹上一隻大蜘蛛說：「我只在這農田的濕地看到，這隻蜘蛛的動作非常敏捷，不用結網，一看見獵物便能爬過去吃掉！」

十二月

快樂洛神

十一月開始，我家花園每天都帶來驚喜——洛神花收成了！

早晨還開著大黃花，午後已經像老太婆的嘴巴皺作一團，花朵掉到地上，那花萼漸漸長大，轉眼便一顆顆紅寶石似的在陽光下發亮！這個星期才剛摘下來，下星期又是一片紅卜卜的，真開心！

切去尾端，筷子一穿，就能把滿是種子的果實推走，留下完整無缺的通心花萼：加糖煮成果醬、泡在蜜糖變成蜜餞、加點酒餅變成甜酒、甚至用繩子穿起一條紅寶石鏈，曬乾成花茶，整個秋天都好好玩！

二零零六年前，我從台灣簡樸大師區紀復手上，接過一顆洛神花種子。

區紀復在香港長大，後來當上大企業「台灣塑膠」的研究部主管，然而忍受不了工作產生大量塑膠垃圾，四十二歲毅然辭職到世界各國觀察廢物處理問題：菲律賓的垃圾山、北美的堆積區……五年後他在花蓮鹽寮海邊住下。

環保，純粹說說是沒用的，處理垃圾，單靠回收也只是治標，他決定身體力行，開始過簡樸生活，一種「不生產垃圾、不污染大地」的生活。

從一九八八年到現在，不少人從世界各地去到區紀復在花蓮的「鹽寮淨土」，和他一起體驗簡樸生活：住在海邊浮木搭成的小屋子，每天劈柴燒灶，種菜吃素，露天洗澡，野外拉屎，穿別人不要的衣服……

我第一次見到區紀復，他在香港一個講座示範摺膠袋：「你看這個膠袋多漂亮，上面的圖畫好有心思。可以這樣……這樣……摺成小三角，上面的公仔還可看得見呢！隨時拿出來再用，真的舊了，摺得細細地丟掉，便不會佔地方或者堵塞溝渠。」

「如果我們對一個膠袋也懂得珍惜，對人便不會隨便放棄。」他輕輕說畢，全場好安靜。

但到底簡樸是什麼？和貧窮有什麼分別？

「分別在於選擇。」他說：「簡樸是一種經過反省、思辨，而選擇的生活態度。」重要的不是規定自己如何節儉，而是心態和行動，沒法自己種菜，但做菜可以簡單一點嗎？沒法搬到鄉下，但水龍頭可否開小一點？凡事節制一點，降低一點，放棄一點。

他還送我一張書籤：「快樂不是因為擁有的多，而是需要的少。」

五月勞動節，把區紀復給的種子，種在花園。洛神花很粗生，只需每天淋水、隔月施肥，最可能出現的問題是蟲害，灑點「海藻水」（海藻切小片，泡水幾個月），幾天便好了。還有一個秘訣是長到約莫兩呎時，剪掉頂端，就會長出好多橫技，增加收成。

半年來看著兩塊葉子的幼苗，長到比人還高，一串串「寶石」掛滿枝頭，那份滿足感，非常簡單、直接。收成了，果醬蜜餞等的製成一大堆，分送各方好友，大家都好高興。

洛神花的快樂，不是用錢可以隨便買到的。

68
十一月 November

洛神花

香港一些有機農場，最先都是從區紀復得到洛神花的種子，近年收成相當好。洛神花含有豐富的花青素、果酸和果膠，很有益。亦可加工成以下的食品享用。

果醬：兩公斤洛神花萼，加一公升水、零點七公斤糖、兩顆檸檬汁，煮溶。除了塗麵包，還可開水喝。

蜜餞：一層花萼一層糖，三天便可，因為沒煮過，酸酸甜甜很爽脆；改用蜜糖，泡水喝感覺更滋潤，但蜜糖會稍稍搶味。

花茶：花萼曬乾，泡水加蜜糖喝，相對沒洛神果醬或蜜餞那樣甜。

甜酒：蜜餞放上一年便會自然發酵，放一點點酒餅會更香，夏天加入冰凍梳打水，好好喝！

曾經也想，如此五花八門地炮製洛神花萼，會否不夠「簡樸」，但記起區紀復手上的膠袋——肯花心思，因為珍惜。

月兒發芽

Bicky上月在佐敦吃咖喱，喝檸檬梳打時，看到那檸檬核好大好圓，她挑起四粒，回家種在泥裡，一個月後，三粒發芽。

「你要種檸檬嗎？」她問我。

剛認識Bicky，她已經問我要不要枸杞，那枸杞原本從菜市場買回來，她覺得味道好，就插枝，居然長出好多盆來；然後又送我一小包紫蘇種子，是去年夏天她種的紫蘇開花結的；最近，她成功種出很多很多日本柚子幼苗，四處問人要不要——得知道Bicky住在港島某大廈二十八樓，窗前只有一個小小花槽！

「就是我家沒位置種東西，才送幼苗給朋友，長出來，朋友也會和我分享收成，多好！」

她狡黠地笑了。

而且種子初生的葉子，特別綠油油，煞是可愛。

Bicky曾經是記者，現在是執業西洋占星師。種植和占星有關係嗎？

「當然，都是和曆法有關！」她肯定地答。正如中國傳統二月立春後，開始春耕準備撒種；三月二十一日亦是傳統羅馬曆法的「春分」，所以談星座，第一個便是白羊座，而不是一月的水瓶座。

更神奇是種子發芽和月亮關係至深：種子發芽需要水份，水份受月亮引力影響，滿月時，種子內也會出現潮汐，特別容易破殼發芽；月兒彎彎，地心吸力加大，種子正好向地下扎根；到了滿月，又可乘著月亮的引力開枝散葉。「生物動力農法」便主張依著月亮對地球的周期影響去撒種、移植。

「月亮在巨蟹座時，最宜收割，不過，我沒有跟著月圓下種，我家露台才那幾呎面積，那種得這麼多！」她又咭咭咔咔地笑了。

Bicky小時常跟著爸爸去新界郊遊，並且會去菜地買菜，田間新鮮割下來的菜心，那好滋味她到今天都記得。幼稚園時，她偷偷許願長大後當農夫，小學經常去學校的山邊撿種子回家種，試過種宮粉羊蹄甲，種子剛發芽，已經是小小的心形葉子！

她還有奇遇：「爸爸是警察，可是認識一些農夫。我記得有次去豬場，那主人竟然養了一頭黑猩猩！那主人說馬騮是『齊天大聖』，能看住『豬八戒』，豬就不會發豬瘟！其實我不肯定有否把電影《泰山》的片段和回憶混淆了，可能那只是一隻猴子，但我腦海中，是一隻猩猩在豬場很高的地方看守。」

Bicky 唸大學設計學院時，開始鑽研西洋占星：「我第一嗜好是種東西，第二才是占星，但占星可以維生，所以種植就成了嗜好，如果賣幼苗可以是一盤生意，我也會當做職業。」她最近便把滿屋都是的日本柚子幼苗，拿到一間素食店寄賣。

在香港，Bicky 致力發芽，長大成大樹卻在她姐姐美國的家。二零零六年，兩姐妹一起在意大利玩，最後一晚吃到非常好吃的炸雜錦海鮮，兩人連叫三盤，每一盤都有一小瓣西西里檸檬，就在那三瓣檸檬裡，Bicky 挑了最肥的兩粒檸檬核，其中一粒還已經破殼像要發芽。姐姐把兩種種子「偷運」回美國，發芽的一粒沒長成，沒發芽的倒長出來了，一年後檸檬樹有一米高，Bicky 特地飛去美國，和姐姐一起把從花盆移種到後園，現在檸檬樹大約五呎高。

74

十一月 November

Bicky秘訣

Bicky說果肉供應營養給種子，所以下種前，要先讓果子完全熟透，例如番茄，要選最漂亮、果蒂新鮮、外皮完整的，放在窗邊，讓太陽繼續曬熟，種子便容易發芽。

香港大多農產品都從外地入口，入口商會用各種方法延遲腐熟，所以要有耐性等種子重新活躍。像她從檸檬梳打水撿出來的種子，便等了一個月才發芽。

豆類則要浸水，補充水份才會發芽。據本地農夫所說，最難發芽的本地農產之一，是芫茜，除了要浸水，還要用瓶子輕輕壓破外殼，才能發芽。

夜拔耙齒蘿蔔

天開始暗，但聽見＋0要下田，還是興致勃勃跟著一起去。

「種田的人，都不喜歡大太陽，晚上正好做事情。」＋0沒所謂地說：「我試過晚上十點半打電話給錦田大江埔的朋友，居然在鋤地呢！」

差不多摸黑來到，一看，小小一塊地，亂七八糟地生滿植物。

「你沒空除草嗎？」我隨口問。

「有的！」＋0有點激動：「這裡光是蘿蔔也種了四種，有紅蘿蔔、白蘿蔔、青蘿蔔、櫻桃蘿蔔，還有粟米、花生、甘蔗、芥菜、椰菜、薄荷、白眉豆、洛神花……反正有什麼種子，就種什麼。最近又很想種稻米，於是把兩列田中間封起來，種了十棵水稻。」

嘩，失敬失敬，可真是沒地方長雜草！

＋０是香港自然學校的老師（所以童心地把名字變成同音的加號和零），之前在屯門婦女組織「綠色女流」當幹事。九十年代唸大學時，已經關注貧窮地區農民的生活，畢業後到綠田園一邊當導賞員、一邊學種田。二零零三年住在粉嶺鶴藪圍村，開始跟鄰居租田耕種，租金只是象徵式一頓飲茶。

最初她的田不只這樣小，鄰居太太說想種菜，她便慷慨地分一點出來，隔壁專業農夫喜歡這處容易灌溉，她又再讓出幾列田，加上教書工作很忙，且近年搬到屯門公屋居住，繼續耕種的，就剩下這小小的地。

天完全黑了，＋０拿著幾棵幼苗種在地裡。

頂著月牙兒，什麼都隱隱約約只看到輪廓，奇怪鼻子倒變靈了，四周泥土氣味愈來愈濃郁，還有肥料發酵的味道，好像帶甜的酒味。

「我只知道是西椒，什麼顏色不曉得，但那幼苗的葉子好好聞！」＋０種完，另外撕了一塊葉子給我，好香的九層塔！

「為什麼這裡不種東西？」留意到蹲著的前方，小小一塊方格是空的。

「種了麥子，可沒長出來。」＋0笑著答。

不得不佩服她的實驗精神。還有，＋0相信自然農耕，所有肥料都是自家廚餘，並且小心地控制份量。「農作物太多肥料，會懶惰，反而少一點打理，會努力找營養，更有活力，看起來可能瘦弱一些，可是味道比白白胖胖的更好！」她自豪地說：「我偶爾種出來的，比專業農夫還要好！像向日葵，開得好大！」

她的聲音，漸漸變得好溫柔：「有一年結霜，好多菜都死了，可是荷蘭豆居然無事，我好開心！吃的時候，簡直 flash back 幾個月以來整個生長過程：結霜時如何，大風時如何，我們都是一起經歷的！蘿蔔更明顯，不夠水時會變幼，夠水再又變粗，哦，這一圈就是那次我兩個星期沒回來淋水！」說畢，拔了兩棵蘿蔔送我。

為了更多時間打理田地，＋0這學年特地轉作兼職，逢周三放假可以來灌溉，至於星期六、日，得視乎她會否參加遊行——要知道，香港最多有機農場在錦田和粉嶺，前者會被

78

十一月 November

高鐵剖開一半，影響灌溉用的地下水；而後者會否全部淪為深圳人的豪宅，就得看我們能否透過直選決定土地政策。

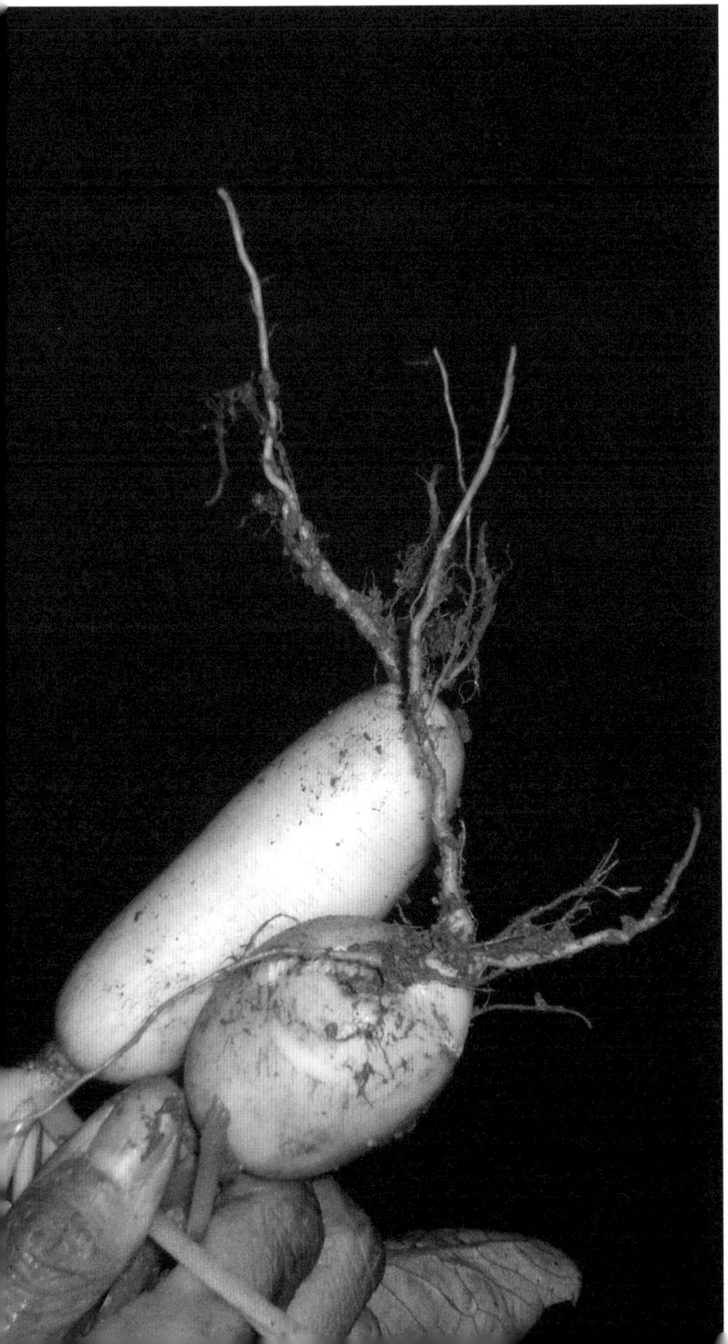

耙齒蘿蔔

十０送給我的，是秋天當造的耙齒蘿蔔。蘿蔔分兩類：「遲水蘿蔔」和「早水蘿蔔」，其實就是廣東話「早一水」和「遲一水」之分。

以前「早水蘿蔔」有分幼長的耙齒蘿蔔和粗身的「冬瓜白」蘿蔔，但現在種子店通常都賣交配品種「短葉十三」。「早水」一般在八月底九月開始種，而「遲水」會在十月後下種，正好拿來做蘿蔔糕。

本地農夫種耙齒蘿蔔的不多，但這種蘿蔔味道清甜，最宜用來炆牛腩，如果煮湯，連葉子也可以放進去。東莞東坑盛產耙齒蘿蔔，還會曬乾做「陰菜」：蘿蔔用竹篾串起來，吊在陽光曬不到的屋簷下，讓秋風慢慢陰乾，兩個月後形狀顏色都變成人參似的，當地人美其名為「東坑人參」，認為愈舊愈有營養。

田間夜行

兩條蟲，纏在一起。

成團人都蹲下來，緊張地圍著看。

「千足蟲的生殖器官長在頸部，交配時，兩條蟲會繞著頸，像接吻似的。」生態專家說：

「一些昆蟲交配是『交尾』，但千足蟲是『交頸』。」

「那生蛋，也是在頸嗎？」有團友問。

「對，千足蟲是頸部排卵的！」專家笑著答，大家都覺得不可思議。

這夜間生態導賞團遊覽的地點，不是郊野公園，而是農田——務農的馬屎埔村，離粉嶺市區只是一條馬路，沒想到離大自然卻是這樣近。昏黃的街燈下，幾隻蝙蝠飛過；走向草叢裡，螢火蟲一閃一閃在捉迷藏；到了河邊，抬頭一看，滿天都是星星。

「農地生態」也是香港重要的自然環境之一，六十年代有超過一萬頃農地，但到了現在僅僅剩下八百公頃，沒人耕種，有些只適合在農地生活的物種，亦會隨之絕種。

例如「黃金肥蛛」。專家指著樹上一隻大蜘蛛說：「我只在這農田的濕地看到，這隻蜘蛛的動作非常敏捷，不用結網，一看見獵物便能爬過去吃掉！」

仔細看，樹上有三大隻黃金肥蛛，樹皮上一條條閃閃發亮的，卻是「鼻涕蟲」爬過留下的黏液。原來鼻涕蟲是進化了的蝸牛，所以沒有外殼。

田邊蹲著一隻青蛙，呆呆的。

「這是香港有名的『花狹口蛙』，叫聲像牛。青蛙叫，是為了求偶，但下雨有水才能產卵，最近大熱天，土地都曬乾，所以青蛙也懶得叫。」專家解釋。花狹口蛙天生喜歡回音，喜歡待在坑渠裡，後腿長得短，不會跳，只懂得慢慢爬。那如何保護自己呢？秘訣是吹漲自己，令蛇覺得吞不下，可是有些蛇的牙長得像兩片刀片似的，就可以把花狹口蛙割開放氣，吃掉。

大家聽得心癢癢。「可以碰一下嗎？」終於有人開口問，好想看青蛙漲成圓球！

「當然不行！走啦走啦！」專家轉過頭指著樹上：「看，這裡有隻樹蛙！」在樹上爬的青蛙，手指尖會有吸盤。然後，看到田裡很大一隻田雞。田雞也是香港瀕臨絕種的生物——街市賣的，都是人工養殖，野生田雞愈來愈少。眼前的田雞被手電筒照著，動也不動，用相機放大看，嘴邊有點傷痕，專家說凡是被困在籠裡的田雞，都會拚命向上跳，以至撞傷了嘴部，這隻應該是被人買來放生的田雞，無意來到這裡的。

樹葉上，突然一片黃葉子，原來是蝴蝶！名字叫「黃斑蕉弄蝶」。日間在田裡吸花蜜忙個不停的，夜裡都靜靜地在樹上睡覺。另一塊葉子睡了一隻黃黑色的大蜻蜓，黃黑相間、紅黑相間，在大自然是警告的訊號，令敵人以為有毒。蜻蜓的「複眼」可多達兩萬隻小眼睛，視覺非常厲害，但晚上就看不見了，所以天一黑就睡覺。

葉子底下一堆毛茸茸的，居然是「蠟蟬」，但它會吸食植物的汁液，農夫很討厭。

沒有害蟲

大自然沒有「害蟲」，只有失衡時，才出現「蟲害」。像家裡惹人厭的蟑螂，在田裡算是益蟲，因為會吃腐爛的食物，有助堆肥分解，也是雀鳥喜歡的食物。

香港田間主要為害的，是人們七八十年代從南美引入的「福壽螺」，以為可以扮「東風螺」當食物，但肉質差太遠，加上身上很多寄生蟲，炒不熟，很易中毒，便被丟棄在田間。由於外來品種缺乏天敵，結果大量繁殖，肆意吃掉農作物，近年天氣愈來愈熱，福壽螺更是愈長愈多。

十二月

December

「有時種得好，看著菜大，都幾開心，有時樣樣都不就你，真係好谷氣！你都唔知道，下了肥料又無得收成。好慘㗎，唔係好好玩㗎！」

十二月

山水西洋菜

「舅父」在大埔寨凹種的西洋菜，簡直得天獨厚：頭頂有小樹林，清澈山水源源不絕地流過，水裡還有魚！

「種西洋菜，最要緊就是水，大帽山的水是最靚的！」「舅父」再三強調，這山水流到粉嶺下游已經差了，元朗錦田一帶用地下水，更是比不上。為了確保水源乾淨，他還把沿著溪水的田地都租下來，寧願每天爬上爬下去打理。

本地西洋菜，不是荃灣川龍最有名氣嗎？

那裡也是用大帽山的山水灌溉，只是年年月月都種同一種菜，蟲害會很厲害，難免要用更多的農藥。

「舅父」只是在冬天才種西洋菜，天一熱，就改種蕹菜，從來不用農藥。

「西洋菜的根一直留著，每兩個星期摘下新長出來的嫩枝。夏天，灑一把蕹菜種子下去，菜葉可以擋太陽，不會曬傷西洋菜的根，冬天，又再長出來了。」他說。

用的還是天然魚肥。他在汲水池一角養了幾條錦鯉，不時在田捉蚯蚓餵魚，好好玩，魚兒會游到手上！池裡還有鯽魚，但既然是自己養的，都不會吃。

我蹲在池邊看魚，貪婪的眼睛卻瞄著旁邊矮矮壯壯的西洋菜。他的田差不多有一萬呎：芹菜、生菜、油麥菜、紅蘿蔔、魚翅瓜、紅菜頭、馬鈴薯……種類數不完，還有好多果樹。收成一般拿去中環天星碼頭的農墟和灣仔土作坊出售，唯獨這西洋菜，產量不多，又要一根根摘下來，向來只留給親人和朋友。

「你一直都在這裡種菜嗎？」我開始攀談。

「才幾年。」他笑笑說。

二零零三年沙士期間，他發現胰臟有腫瘤，那時人人都忌諱去醫院，很快便能排期做手術，腫瘤是割掉了，但身體機能彷彿逐樣叫停，之前已經割掉半邊胃和膽，前列腺又出問題，一身都是病痛。

由於外甥曾經是環保組織「綠色和平」成員，亦是支持農業的大學教授文思慧的學生，師生一起找了大埔這塊地，就讓他去耕，而大家，也跟著外甥一起叫「舅父」。

「現在沒人看得出我身體不好！」他笑得好開心。

聊下去，「舅父」原來以前是劏牛的，哪個國家出產的牛最好、哪個部位最好吃、如何劏牛、如何賣牛……通通如數家珍。聊得正高興，竟然發現他原來住在我家對面，中間只隔了一條天橋！

「我可以跟你買菜嗎？」急急打蛇隨棍上。

「可以啊！回家時就拿菜給你好了！」他一口答應。

昨天晚上，終於吃到了「舅父」的西洋菜，短短的全是嫩葉，用油鹽水輕灼，又脆又甜！

想到以後都可以吃到山水種的菜，整頓飯都捧著飯碗傻笑。

西洋菜

相傳民國時一位姓黃的廣東中山人在葡萄牙做生意，人地生疏疲於奔命，患上了當時被視為絕症的肺病，他沒錢治，又給當地人趕去野外，期間意外地吃了淺水處長的一種野菜，過了一段時間，肺病竟然好了。他返回里斯本，生意終於上軌道，三十年代衣錦還鄉時，還把這野菜種子帶到中山和港澳地區，澳門人叫葡國人「西洋人」，這菜也就被稱為「西洋菜」。

但其實中國二千多年前，已經有吃西洋菜，經籍記載為水芥菜，現在內地又叫「豆瓣菜」。

讀到內地的農業資訊：種西洋菜，最重要是水田的「基肥」，建議每一畝田放五百至一千公斤腐熟的人糞做肥料。

94

十二月 December

喃嘸魚翅瓜

「乜你生成咁，生好啲啦！」

「再係咁，我斬咗你！」

「嘩！有仔啦！」

「乖，乖，繼續生。」

「唔好甩，唔好甩，唔好甩……」

「叻仔！叻仔!!」

過去三個月，阿[illegible]每天都對著魚翅瓜嘮嘮叨叨，種了好久都沒起色，葉子黃爛爛的，給她恐嚇一輪，竟然長出一粒瓜仔，然後陸陸續續又開了好多花，不斷打氣下，開始結出果實來！

「我當魚翅瓜是兒子，天天都傾偈！」阿Kit笑著說。乍聽很傻瓜，但誰沒試過對著電腦大叫：「唔好死機?!」

阿Kit原本從事物業管理，夾在「中低層」管理一班下屬，自言一星期做足七日、一日跟足二十四小時：「捱埋都唔夠睇醫生！」壓力太大，身體不斷出毛病，她嘗試借助香薰油治療，因而迷上香草，家裡的天台種了二百多盆香草，漸漸也種蔬菜水果，但南瓜這樣大的農作物天台如何容得下？

把心一橫，阿Kit辭掉工作提早退休，去年三月租下粉嶺鶴藪圍村一塊小小的田，開始全職耕種。

她的如意算盤是發展「生態教育」：鶴藪一帶全是農業區，有人養蜜蜂、有人開草莓園，還有好多大大小小的私人田地，她可以組織導賞團去參觀。

「農夫不一定喜歡說話，我在綠田園當過導師，可以講解。人們先來我的田，知道不同蔬菜的種植方法、甚至即場煮食試試一些新吃法，然後參觀專業的農場，再去採草莓、蜜蜂園買手信等等。亦可為不同對象，度身設計行程。」阿Kit希望以每團最少四個人計，每小時收取二百元導師費。

這樣的導遊團，只在去年十月為朋友試辦一次，暫時仍未「發市」。

「一直在忙田裡的基建設施，也沒時間做宣傳，而且別的農場，亦有自己的導遊團，不必找我。」她說得很坦白。

香港要生態旅遊發展成熟，才容得下農業導遊這些中間人吧。

阿Kit也不著急，當作拿經驗，她的夢想是十年內可以買下一間村屋，有土地可以耕種。

農夫的生活真的那樣吸引？

「凡事當然有代價：過去一年我沒有出外做facial。買衣服的錢都拿去買防蟲網和水靴！」她一口氣地說：「但耕田讓你知道要聽天由命，不得不看得開，反正自己管不到，也就沒有壓力了。」

以魚翅瓜為例，香港這年冬天實在太反常，一時熱得像夏天，一時卻突然寒冷警告氣溫急降十幾度，還要下大雨。當天氣轉冷，魚翅瓜以為冬天來了，開出好多花朵，突然卻是天天下雨，花朵都沒法授粉，紛紛掉下來。每次天氣轉變，植物都會停止生長，待環境穩定再繼續，如此這般忽熱忽冷時雨時晴，也就長得好慢好慢！

人急都急不來，只能跟著大自然，慢慢來。

魚翅瓜

「魚翅瓜」原來五千年前已在南美洲出現，是南瓜其中一個品種叫「黑子南瓜」，很早亦有傳到東南亞。由於健康飲食抬頭，台灣農夫看中其低熱量、高纖維，開始培育種植，最初的名字不過是「米粉瓜」，後來改了這樣「巴閉」的名字，引入香港。

最適宜種植的時間是十至十二月，土壤要肥沃、疏水，每株之間的距離約為三呎，開花後，需要人工授粉增加產量，天氣好，三個月便可收成。

阿Kit力讚魚翅瓜好吃：「街市賣的當然軟腍沒味道！自家有機種植的，纖維比較硬身，蒸熟放在冰箱，閒時拿來做涼拌雞絲，好爽好甜！」

走難番薯

成婆婆四十年前帶著小兒子來到香港，投靠的，是她的後母。

她十八歲結婚，第一次見到丈夫，就是洞房那個晚上。合不來，談不來，但孩子一直生，三男三女，人們說：不就湊成三個「好」，「好」，「好」？

可是成婆婆心裡，只覺得命苦。

她決定來香港投靠外家，小兒子只有五歲，捨不得，就帶在身邊。可是後母臉色比鍋底還要黑，才三個月，她就搬走。

從那時開始，成婆婆就在梅窩種田。

「耕田好？一身泥巴，好辛苦！」她一邊低頭淋水，一邊嘟囔：「有時種得好，看著菜大，都幾開心，有時樣樣都不就你，真係好谷氣！你都唔知道，下了肥料又無得收成。好慘㗎，唔係好好玩㗎！」

如果可以選擇，她寧願去打工。

成婆婆最自豪，是以前在中環港外線碼頭的「海景酒樓」打工：「我負責洗雞、洗鴨、洗菜，酒樓好熱鬧！夥計吃飯也十幾圍！」她從一九八四年，一直做到九五年酒樓關門，現在想起，仍然開心。

那田地就荒廢了嗎？

「全部種番薯囉。放假才回來打理一下，再交給別人賣。」

最容易種的農作物名單，番薯肯定排第一。

中國大陸曾經是全世界種最多番薯的國家，在三四十年代那漫長的戰亂日子，人們種得最多的，就是粗生的番薯，當時全國一年可以出產一千八百五十萬噸，中國人那麼多，每人卻可以平均分到六七十斤！

番薯在中國字典裡，幾乎等於「走難」。事實上，中國人第一次吃番薯，也是因為天災。

話說番薯最先長在南美洲的山區，在一四九三年被哥倫布當作珍寶獻給西班牙國王，王室很喜歡吃，竟然把番薯種在皇宮裡。當時的歐洲文化，凡是根部植物都會與性器官拉上關係，人們深信番薯可以壯陽，甚至確保生兒子，英國亨利八世更特地從西班牙運來番薯，原本還計劃在英國大種特種，只是英國太冷種不成。

西班牙水手曾經在菲律賓種番薯，福建商人陳振龍偷偷把番薯苗捲入汲水繩，帶到中國。一五九四年，福建大饑荒，陳振龍的兒子把番薯呈上給福建巡撫金學曾，金學曾馬上下令大量種植，救了不少災民的性命。

自此番薯又名為「金薯」，紀念金巡撫，現在卻多寫成「甘薯」。

成婆婆今天的田裡，依然種了一堆番薯，包括有紅皮黃心，黃皮黃心等品種，去梅窩燒烤的遊客，經常會在碼頭買她的番薯。

她已經七十二歲了。

六個孩子都結了婚，總共有十三個孫子、兩個曾孫。

還是這樣勤力嗎？

「老竇養仔，仔養仔，你估仔女又好環境？打份工，都有家庭要養。」她掘著番薯，帶點怨氣：「我不是勤力，是要搵食！」

哪一天不用種番薯，才是好日子吧。

104

十二月 December

番薯

環保界提倡在天台種植，減低城市氣溫，綠化建築物屋頂，可以減少一半冷氣用電量。而番薯，居然是其中一個適宜種在天台的植物！浙江的環保專家引述日本的經驗，指番薯在夏天長得快，又粗生，可以在短時間內覆蓋建築頂層。

昔日走難救命，今天又可紓緩氣候暖化？

番薯也真的很容易種植，買回來的番薯放在陰涼地方便會長出嫩芽，只需把出芽的部分切下埋入泥土，便會長起來，另一個方法是把番薯藤剪成六、七吋長，一段段插入泥中。不過長葉子很容易，但收成要等五個月。

鳥兒不愛吃芥菜

天氣真好，抄一條較少經過的小路去車站，經過斜坡，忽然眼前一亮——野草堆裡面，竟然藏了一個菜園！

菜葉長得好肥，一排排地，在陽光下發亮！

厚著臉皮走進去，戴著大草帽的伯伯，聚精會神在刨馬經。

「芥菜來的。現在都是菜荚，能食，但不好吃。等開了花，那中間嫩嫩的才好吃。」伯伯抬頭說。

「你住哪裡？長好了我送你一棵。」轉過身，曬衣服的架子旁邊站了一位嬸嬸。

村子倚著山，房子密密麻麻地：傳統瓦頂磚屋、古典西式別墅、七拼八湊的寮屋，當然還有最悶蛋的三層洋房，其中還有不少棄置了的村屋，以及鐵絲網圍起的荒地。伯伯就是在一塊荒地上種菜，用上大量花生麩，硬把泥頭變肥土。

「以前在鄉下種過田，現在沒事幹，就玩玩，當種花。」他種了好幾年，夏天種苦麥菜、冬天種芥菜。

苦麥菜？芥菜也有點苦，喜歡吃這類的菜嗎？

「不是，這裡多雀仔，苦澀的菜才不吃，種菜心可會被吃光！」嬸嬸解釋。芥菜送了人也吃不完，去年便拿來做鹹酸菜，可是兩人都不愛吃，還是送街坊。

伯伯趁我和嬸嬸聊天，趕緊低頭看馬經。

識趣地告別。路上，看到村子到處都種著蔬菜瓜果，感覺好豐富。洋房的背面，悄悄地用磚頭砌了一條坑槽，全部種菜心！還嚴嚴蓋上鐵絲網，不知防路人多手，還是雀鳥貪吃。對開磚屋的石牆杆，四方八面爬著霸王花，明年夏天一定要來看這霸王開花。還有一家人，門前幾個大盆，分別種著柑桔、橙、檸檬，墨綠葉子大小不一，樹幹都長尖刺。

再細看經過的每一棵樹：黃皮、楊桃、芒果、柿子、荔枝、龍眼、人參果、熱情果、大樹菠蘿、番鬼佬荔枝……要找一棵不是果樹的，可不容易。

連路邊的溝渠，居然也長出節瓜，長長藤蔓沿著渠蓋爬。

村裡的土地，種的大都可以吃進肚子，真是「無閒米養閒人」！

一直走，待看到馬路邊種著棕櫚樹，樹底堆著萬壽菊，還要圍上白色膠欄杆——就知道，已經走出村子了。

得告訴你，我住的地方叫禾輋村，五十年代全部都是稻田和梯田，六十年代改為種菜，對開的瀝源邨，本來是售賣農作物的墟市。

「輋」本來就是一種耕種方法：把斜坡上的草木燒成肥料，撒上禾稻種子自行生長。

芥菜

伯伯每次都會留下一兩棵芥菜不收割，開花留種。

芥菜種特別小，最好先用小盆子撒種，早晚灌溉，幼苗最初的兩塊葉子不算，長出兩三塊葉子，便可以移種到大盆。芥菜生長時間比一般綠葉菜長，可以種上三個月。

芥菜的品種也相當多，可粗略分為莖用及葉用兩大類，前者例如芥菜頭，伯伯種的屬於後者。而原來除了鹹酸菜，梅菜、雪菜都可以用芥菜醃製。

一月

January

白蘿蔔和胡蘿蔔，原來不同科，猜猜，青蘿蔔是誰的親戚？

一月

水瓜最後是韌力

夏天收成的水瓜最不耐煮，一下子，就一泡水似的，可是冬天水瓜乾透後，卻會變成「水瓜布」，用來洗碗盤，比百潔布更耐用。

環保可以是一種消費：幾十塊一斤的有機蔬菜、幾百塊的有機棉布衣、幾千萬的豪宅坐擁半山風景……這種綠色生活，少月買不起，作為帶著兩個小孩的單親媽媽，她得不斷打散工維持生計。

然而每個星期，總有一天，她不打工、不做家務，硬是擠出時間去種田。

少月以前是車衣女工，從來沒種過地，只是因為家住屯門，二零零三年參加了屯門綠色女流主辦的「有機農婦組」，跟本地的農夫學習耕種。同組的同學，在錦田租了一間村屋，前後都有小小土地，免費讓少月去種東西。

「我沒有時間，不能種綠葉菜，那要天天澆水的。我種木瓜、番薯，我喜歡吃番薯，不過種不出來。」少月帶點腼腆地說。

施肥用的，多是家中的廚餘。

「我只敢帶前一天的廚餘，以前試過帶放了幾天的，在巴士上人家還以為我踏狗屎！」她不好意思地解釋：「有時雞蛋殼放了幾天，就臭了。現在我會洗乾淨，還會先放入雪櫃。」

前年夏天，她第一次種水瓜，全部都長得好小，水瓜原本可以長成一、兩呎長，少月種的，只有巴掌大。「哎呀，我種田是當自己玩的，有收成已經好好彩。」她輕輕說，可是綠色女流的姐妹見了卻好興奮：「可以做水瓜布！」

迷你水瓜乾了，剛剛好是肥皂般大小的水瓜布，纖維又比較柔，姐妹們都說正好用來臉部磨沙！

當時少月已經在綠色女流屬下的「綠慧公社」幫忙做肥皂。清潔劑嚴重污染地球，為了尋找不毒害海洋的清潔用品，這班屯門婦女一邊參考日本和台灣造肥皂的方法，一邊自行研發，在二零零四年成立綠慧公社，收集區內食肆的廢油造肥皂，少月便是最先受聘的社員之一。在公社打工，薪水微薄，但少月覺得這正是她希望可以過的綠色生活，下午四時下班，有時還可以趕去耕田。

水瓜布，正好和廢油肥皂一起賣。

「講錢就唔環保。」少月說：「如果真是一間做生意的工廠，就可以要求高些工資，但廢油肥皂是宣傳環保，唔係講名利。我自己也不要求奢侈的生活，可以耕田，可以吃自己種的菜，就已經好開心。」

少月並且很有心思，會收集別人不要的絲帶和禮物紙，去替廢油肥皂「扮靚靚」，一些魚形、花形的肥皂，都是她先造的。

去年綠色女流正式解散，綠慧公社在沒有任何資助下，嘗試以商業形式獨立運作，縱使至今仍然虧蝕，少月仍堅持留在公社。

並且繼續種田。

118
一月 January

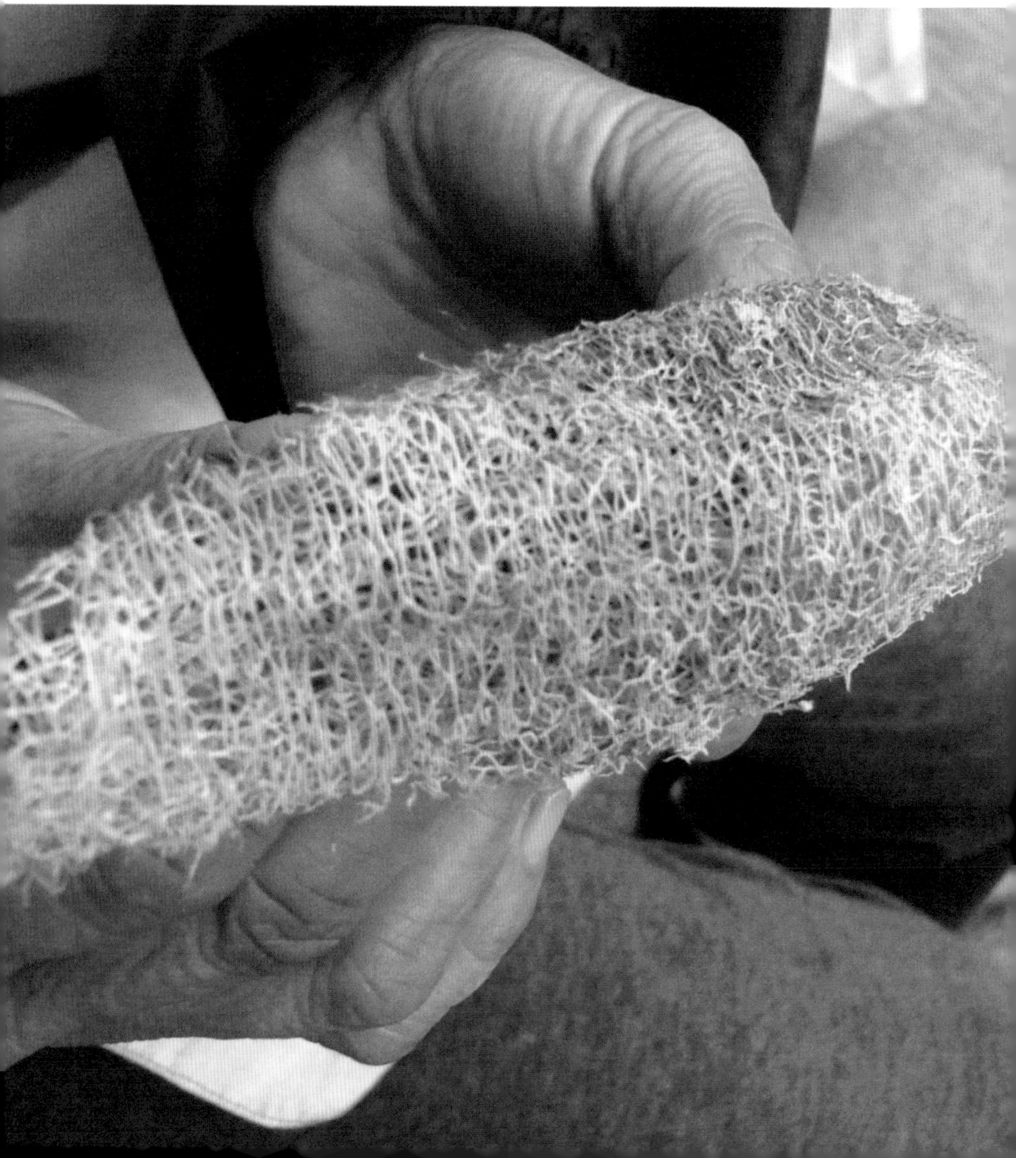

水瓜布

水瓜原來是絲瓜的一種，最早由印度傳入中國。春天播種，要四個月才有收成，再等一、兩個月，在秋冬才會變成水瓜布。

傳統農村都會把幾個水瓜曬乾，一來留下種子，二來也可用來洗鍋子。綠慧公社建議水瓜布加上廢油肥皂溶液用，再沾點麵粉，頑固如抽氣扇和爐頭的油跡，都可以清除。

水瓜布可以美容，可以用來擦背，按摩減肥；但它也有優雅的用途：南宋詩人陸游便讚賞它可以用來洗墨硯：「絲瓜滌硯磨洗，餘漬皆盡而不損硯。」

一條蘿蔔兩家好

尾生（她是家中最後一個女兒）一早便到危叔的農田，拔蘿蔔。

危叔的田就在大帽山腳下，白蘿蔔是用山水種大的，中秋後下種，長足了四個月。「時間夠，才會『上糖』！街市賣的蘿蔔用化肥谷，時間起碼短一倍，哪裡會甜！」危叔非常自豪。

田裡成排白蘿蔔，胖嘟嘟的，頭頂都擠出了泥土，像是八卦地張望，用小鋤頭輕輕挖鬆田壟，小心用力一拔，整條蘿蔔便出土了。蘿蔔終於見世面，連忙抖掉混身泥土，在山水洗一洗，白雪雪地很誘人。

本來，尾生很難有機會用這樣漂亮的蘿蔔做糕。

「有機菜，好貴的！哪裡買得起。」她笑著說。但自從她參加了灣仔綠色社企「土作坊」幫忙做蘿蔔糕，人工除了現金，還有「時分券」，她就可以用「時分券」以特惠的價錢買有機菜回家。

可是去別的地方打工，全部人工都是現金，不也有錢去買有機菜嗎？

「土作坊時間彈性一點，方便照顧家人嘛。」尾生解釋。

尾生還能去什麼地方做蘿蔔糕？食物加工業一早北移到大陸，香港人桌上的賀年食物大多都是內地生產，少數在香港製造的糕點，請的都是全職師傅，怎輪到尾生這些要接送孩子上學打理家頭細務的婦女？再說，也不會用本地出產如此新鮮的蘿蔔。

危叔把蘿蔔賣給土作坊，八成收現金，兩成也是「時分券」。

那不是賺少了嗎？

「我只是去過一次灣仔用『時分券』買東西。」他很坦白：「有機菜賣去天星碼頭的有機農墟，價錢高一些，不過要人手呢，我走不開，如果女兒和外甥沒空，就沒人賣了。」

內地農民所有農作物，都有政府包銷，香港農夫又要種又要賣，好唔得閒，土作坊的婦女做蘿蔔糕，去年便要了危叔超過二百斤蘿蔔，這一季，他種得很放心，知道一定會賣得出。

「土作坊的人都話我的蘿蔔特別甜！」他和吃到靚蘿蔔的尾生，一樣開心。

「時分券」名字的由來，就是你一個小時的工作，換我一個小時的成果。你用時間種蘿蔔，我用時間幫你買蘿蔔做糕，大家付出的時間同樣寶貴，不會像地產商比種田人，賺多千億倍。

還有，尾生做的蘿蔔糕，也會放一點蘿蔔葉，剩下的蘿蔔皮和蘿蔔葉，會運回給危叔做堆肥，一點也不浪費。

蘿蔔糕

「土作坊」的蘿蔔糕是全素的，用上本地有機農夫種的蘿蔔（金）、蘿蔔葉（木）、甘筍（火），加上香菇（水）、牛蒡（牛）和香港製造的粘米粉。

這些婦女試造了十個八個蘿蔔糕，才試出現在的份量和比例，甘筍太多會太甜，牛蒡少了沒咬口。蘿蔔糕蒸了四十五分鐘，即場試吃，入口除了清甜，還吃到好香的胡椒粉，原來用了原粒胡椒再磨粉調味。

一個八百八十克的蘿蔔糕，現金售價是六十八元，如果你能幫區內的學生補習、替土作坊做會計、去農場除草……便會得到不同等值的時分券，二十時分加四十八元，便可換蘿蔔糕了。

生機蓮藕粉

「八瓜魚」今天要教一個很健康的年糕的製法，用的是兩杯燕麥、一杯藕粉——慢著，藕粉不是買回來的啊，要先親自走進池塘裡挖蓮藕！

粉嶺南涌是香港少數把棄置魚塘種蓮花的地方，夏天供應蓮子給灣仔土作坊做有機月餅；冬天就有蓮藕。傳統採藕會放掉池水，曬乾土地，再用小型推土機挖掘，但南涌是主要鷺鳥的棲息地，魚塘本身的魚都留給候鳥吃，不可能放乾水。

「八瓜魚」於是領著大家，走進水裡。

池水其實只到小腿高，那裡有蓮葉枯枝，那裡底下就會連著一段段的蓮藕。可是到真的動手，卻比想像中難多了：淤泥好黏，走路都好難！近地面的蓮藕，小得像雞腿，大的又埋在泥裡，鋤頭加上鏟子，一不小心便弄斷，甚至得跪在水裡，整隻手臂伸進泥裡挖。挖開淤泥，水底便有很多坑洞，一不小心便噗通滑倒。

十多個人，花了兩個小時，才掘出不到十斤的蓮藕。

挖蓮藕難，做藕粉，更難！

蓮藕洗淨切碎，用攪拌器打成漿，再放在布袋裡，在水龍頭底先放一個盆，一邊沖水一邊用力搓布袋，大約一個小時，手軟到再也動不了，始會把蓮藕裡精華的澱粉搓洗出來。工夫還沒完，需把那盆水擱上四五小時，沉澱出一層白色黏液，但藕粉是粉，不是膏，所以得讓黏液變硬。產藕的地區，水不是問題，但要抽濕，方法是在黏液上鋪布，再放柴灰等吸濕。乾了，用刨刀一片片刨出來，起碼再曬三天。

工序這樣繁複，皆因在傳統產藕區，蓮藕不易保存，製成藕粉可以保存更久，也可算留下了蓮藕的營養精華。只是現代食物加工已是工業運作，如今製造藕粉的方法，是加入食用碳酸氫鈉和白糖粉，快速地把藕粉變顆粒。所以選藕粉，一片片的，才是人手造的。

大家都累了，忙了一天，十斤蓮藕可以做出多少藕粉？答案：不足一斤。

凡是參加過自然協會舉辦的活動的人，都會起一個「自然名」，提醒自己也是大自然的一部分。張太很早便參加自然協會，所以有「八爪魚」的別名，她還曾經負責為自然學校準備午餐，一直推動「生機飲食」：食物不但要以有機方法種植和生產，吃的時候，並且少調味，甚至少烹調。

「現代人吃太多食品，太少食物。」八爪魚說：「像白麵包，營養都磨掉了，吃了只會發胖。」她拿出一包手製藕粉，教做藕粉年糕。大家才剛搓洗完藕漿，這時看那包灰白的粉末，才知道矜貴。

年糕製法倒是出乎意料地容易：所有材料倒進攪拌機打成漿，蒸半小時便好了。當然最最容易，是吃進肚子，味道清甜軟糯，帶著燕麥的咬口，不到三分鐘，一整盆藕粉年糕便不見了。

各人帶著一大盒搓洗出來的蓮藕水回家，如果成功做出藕粉及自家製作的藕粉年糕，一定更「巴閉」！

藕粉年糕

傳統年糕用糯米粉製造，但糯米不易消化，藕粉年糕容易消化並且營養好。

把兩米杯燕麥粒，視乎天氣濕度加六百至七百五十CC水浸三小時，再加一米杯藕粉、一米杯黑糖、用攪拌機打成漿，蒸半小時便好了。

藕粉營養價值非常高，用來當芡粉用，可以補充平日不易攝取的維他命B12。根據中醫療法，蓮藕能治消瘀血，解熱毒，藕粉開水喝，可以治療感冒、咳嗽、失眠、胃病等，再加入少少檸檬汁，可以排尿減肥。

有地 有生計

這一天，在南涌農場幫忙洗紅蘿蔔。

不過是把紅蘿蔔逐個剪下來，然後洗乾淨——原來工夫比想像中多得多！朋友拿著剪刀，一不留神便剪到手指，我接力，用了近一個小時才把小山似的紅蘿蔔的葉子剪掉。接著要洗去外皮的污泥，一盆水馬上就變濁，換了兩次水，每次都「論論盡盡」跌出好多紅蘿蔔，急急撿回來，又再沖洗。

最難洗的部分，是紅蘿蔔頂部那一圈，積著好多泥沙。以為洗完，農夫走過，丟下一塊海綿，沒作聲便走開，死死氣又拿起逐粒擦。

由田裡拔出來，沖洗了兩遍，再用海綿擦過，這才可以拿出市場賣，那一大盆紅蘿蔔，足足用了三個多小時處理。

腰好酸！

難怪農「村」是一條村。田裡的工作比起工廠裡的流水作業，繁雜得多：施肥、灌溉、除草，都得看天氣和生長情況；菜要割、瓜要摘，每種農作物都有各自的處理。怎可能成立「洗紅蘿蔔」隊，「專業」洗紅蘿蔔？需要的人手是大量的，彈性的，視乎收成，由一條村的人去幫忙。

亦因為農務繁多，才有機會養起一條村子的人，耕種以外，還有大量加工工作，例如曬菜乾、做糕點、製漬物，這些都是工作機會。

曾經採訪過天水圍婦女團體，那社工嘆氣：「當年新界婦女還會釀酒、做醬等林林總總的食物加工生意，後來卻要她們接受再培訓，轉行做家務助理清潔女工等。現在薪金都壓到低低的，大家竟然又要走回頭路，學做豆腐、饅頭等創業！」

整個漁農業本來是環環互相緊扣：農夫種田，漁民養魚，鴨子的糞便給魚吃了，魚水灌溉農田，種出來的菜又可以給鴨子吃。有人種田，就有人賣種子，然後還有負責銷售的、做食物加工的……一塊地養起好多人。

然而經濟發展加上政策單一缺乏遠見，本地漁農業益發凋零，如今開農場，農夫找不到雞屎施肥、也請不起人摘菜收割，種田還要兼顧出菜、銷售，甚至辦教育工作坊。想做食品加工小生意的，往往也要擔心食物貨源、運輸等一大堆問題，任何一個有心人，都會覺得孤掌難鳴，路走得好艱難。

再走到田裡，泥土裡還剩下好多紅蘿蔔。若是沒見識過先前的洗擦工作，一定會大呼浪費，但原來處理農作物極耗時，個子太小的，真的沒時間去逐粒清洗，拿到市場，也不見得會有人買。

我走著，順手把比較大粒的執起來，也執到一把：正好今晚和米飯摻著煮。

有時間，才可以花工夫去處理這些剩餘的資源。以前一直以為米勒的《拾穗者》繪畫的是一種「福利」，讓沒有土地的農婦，可以分享剩下的，但原來拾穗者付出時間和勞動所得的，都是農夫本身沒有資源而放棄了的，兩者的地位沒想像中懸殊。

胡蘿蔔

在內地，紅蘿蔔指一種圓形的紅皮白蘿蔔；香港人的「甘筍」，叫胡蘿蔔。「胡」當然又是外地傳入，原產地是中東，十世紀經伊朗傳到歐洲，十三世紀又傳到中國。

白蘿蔔和胡蘿蔔，原來不同科，前者是十字花科，開一朵朵白花，有點像芥蘭的花；後者的花像韭菜花一樣，像煙花炸開，滿球都是小白花，屬於傘形科。

猜猜，青蘿蔔是誰的親戚？

話說當年在英國唸書，好想煮青紅蘿蔔湯，問遍英國朋友都沒人聽過有green carrot，原來青蘿蔔是green radish，而白蘿蔔是Chinese radish！

二月

February

阿康站在田裡，看得清清楚楚：「我有一千五百九十九個紅菜頭，每一個，我都數過。」

二月

恨不得有八對手

快過農曆年，琴姐恨不得可以生出八對手來。

羅馬生菜今天一定要割下來，否則一下雨，全部都會爛掉，就像上個月收成的草莓，種得多漂亮，好多卻爛了，都堆在角落堆肥。

「有機草莓苗一塊半一株，又要蓋雨棚，成本好貴，起碼都要四十塊一磅啦！」她對著來拿菜的司機嘟囔。「有價無市呢。」司機說：「你種，別的農夫也種，一次過都拿出來賣，怎可能賣得好價錢？」價錢已經賣不高，一下雨，就算有雨棚還是擋不住，爛了的草莓，又得人手一粒粒摘下來。

琴姐快手快腳把生菜割下來，眼尾一瞄到雨棚邊的紅蘿蔔，心裡又著急：如果明天下大雨，棚頂的水流下來，紅蘿蔔會泡爛，最近的天氣時冷時熱時大雨，都說不準了。

「妹妹，你來幫我收紅蘿蔔！」琴姐連忙叫住來參觀的小學生。她抓起葉子一大把一大把地拔起來，有些紅蘿蔔連葉被拔出來，但更多還留在泥土裡，她叫那妹妹慢慢把土裡的逐個拔出來。「然後，把這些連葉子的，都摘掉葉子啊。」琴姐交帶幾句，馬上又走去收割菜心。

菜心給「狗蝨仔」咬了好多洞，琴姐拔一條放在嘴裡，喃喃自語：「其實好有菜味！不過有洞。」她快快手摘下最嫩的頂部，說：「如果再不摘，就全部給蟲咬光了。」

負責「社區支援農業」的社工正好來拿菜，看了說：「你種得愈來愈密了，蟲害會愈來愈嚴重。」

「可是種得少，又沒有收入，我今年請了一個幫工搭棚，人工好貴！」琴姐繼續摘，手裡一直沒閒過。

「你幫我去摘油麥菜吧！不然又爛了。」琴姐才對社工說完，轉過頭又大叫：「表嫂你來啦，幫我摘掉西蘭花的葉和橫枝呀！」

眼前的琴姐捧著幾個大膠箱，在幾千呎的田裡跑來跑去，忙到一頭煙，這畫面，絕不是想像中的悠閒田園生活。她最近每晚都看著十一點晚間新聞吃飯，一直在田裡忙到最後一班小巴要開了，才匆匆離去，翌日一大清早又趕回來，田裡的事怎樣也忙不完。司機來拿菜，幾乎每次都要呆等一個小時等她收割完畢，臨時又會加多幾斤其他菜蔬。「你幫我收啦，不然又爛了。」她會說。

「種少一點啦……」司機還是擔心影響價格，她已經急著解釋：「時間對，才種得出啊，時間不對，想種都種不到！」

琴姐種菜很有心，盡量都是自己留下種子。每個農場自然環境都不一樣，農作物種了四、五代後，會適應環境自然進化，長得更好。農夫也可以自行選擇喜歡的味道和品質留種，不必受制於商業的種子公司。不過留種也需要技術，否則種子會退化。

琴姐選了最肥的合掌瓜，長出新苗再種，又留下最大棵的芥菜，任其開花結出種子，這些種子縱使可以冷藏保存，但第一年下種的表現最好，琴姐往往因為珍惜種子，忍不住又多種了。

再者有機耕種為了減少蟲害，本來就不會大量種植單一植物，香港人吃菜又喜歡多選擇，農場一定要種好多品種，但綠葉菜要疏苗、施肥；瓜類要搭棚、包布防果蠅……琴姐只得一雙手，要打理這麼多種農作物，已經忙得不可開交，再加上天氣不穩，很難安排收割，更遑論要看準時機，搶好價錢推出市場。

「你們幫我手，我一人送兩個芥蘭頭啦！要啦，不然在田裡也是爛掉！」快離開時琴姐堅持帶大家去摘芥蘭頭，趁人手多，順便又摘下一小堆。

芥蘭頭

見過琴姐在路邊等司機收菜，一手拿著芥蘭頭，一手拿著小刀，去皮切片當水果吃。

芥蘭頭味道有點像西蘭花的莖部，它跟芥蘭同是甘藍科，但西蘭花已是甘藍科的變種植物。香港農夫一般種的芥蘭頭，分為綠色和紫色，可以炒來吃，也可以用鹽輕醃二十分鐘，待出水軟化了，再做涼拌菜。

別把芥蘭頭和芥菜頭調亂，兩者味道完全不同，芥菜頭帶苦味，會拿來做鹹酸菜等泡菜。

不要跑，要站住

阿康站在田裡，看得清清楚楚：「我有一千五百九十九個紅菜頭，每一個，我都數過。」

每個紅菜頭都有市有價，他要做的，就是好好把紅菜頭種得胖嘟嘟，目標很明確，心裡前所未有地篤定。

好喜歡這一刻，他專心的眼神。

十多年前，我和阿康，還有很多很多行家一起跑政治新聞，立法局的記者室永遠鬧哄哄，殖民最後幾年議會特別多事，並且都是報章要聞，大家天天都在大樓內不同的會議室忙得團團轉。

回歸後，一眾行家作鳥獸散。

政治記者有轉職議員助理的、走去當公關的、入政府做官的……都很平常，阿康種田還不算奇怪，還有個開洗衣店，我甚至收過一個電話推銷床褥！為什麼？當年大家一起跑新聞時，都是大學畢業沒幾年，想法做事也沒有差很遠，僅僅因為一些當時也未必為意的「小決定」，分叉開去，人生方向便完全不一樣？

「我沒有這樣想過。」阿康認真地答：「我只是想繼續做好一點，種好一點。以前每日的新聞題材都不同，工作好流水作業，今天老細叫你去採訪A，明天又去採訪B，但現在我站在這裡，每一年都種新的農作物，今季種得不好，下季就種好一點。第一個客人留住了，就會有第二個客。」

不要跑來跑去，要站住。

七年前他第一次種青瓜，連種子要選尖的那端插入泥土也不知道，亦試過跟從漁護署指示種了一萬棵草莓，一次過全部種死了！小西瓜終於種到第四年，才掌握好技術有比較穩定的收成。

記憶中的記者阿康非常淡定，不愛辯駁但有看法，眼前的農夫阿康，韌力更驚人，他非常有耐性地守著這四萬呎土地，種了很多成長時間相對長，一般農夫不願種的品種：紅菜頭、馬鈴薯、茴香，它們都沒綠葉菜收成快，洋蔥更要種足四個月！

「因為種的時間長，每年總會有兩三個月很拮据，沒有收入，無錢買肥料，又要出糧給兩個幫工。」但阿康眉頭也不皺一下。他很坦白，種田這麼久，投入的基建資金一直收不回來，如今收入僅僅夠交租和聘請工人，幸好自己已經有房子，沒負擔，沒人工也能過日子。

「身上所有東西都是女朋友買的，除了這對鞋子。」他像小孩一樣摸摸鞋子：「一百五十元，在元朗買的，還有用英文寫著安全鞋的招紙。之前的一對，穿洞了。」

成績是看得到的。買開有機菜的姨姨不知道我認識阿康，對我說：「他的薑是全港最靚的！」農場外，鄰居嬸嬸拉著阿康：「對面種的草莓，味道比你的差得遠！」去年開始有一間高級西餐廳，要求阿康長期供應，現在田裡的作物，基本上供不應求。

只是腳踏實地的日子，在香港很難長久。

阿康剛剛和地主續約，農地一租就是五年，阿康心水清，知道未來續約不易。「附近已經有農地變成回收場，地主遲早都不會跟我續約。開墾一塊土地要好大精力，我不會有力氣開新田了。」他居然想過有日不能種田，做速遞員！

嚇我一跳！

「做速遞員可以周圍去，現在的生活有點侷促。」阿康逐一盤算，速遞員有很多種：國際公司的、推手推車的、開車的，似乎不是開玩笑。

那何不做旅遊記者？

他的樣子比我更吃驚：「不會！」

種子長得都很像，幼苗也難分辨，可是到收成的時候，分別一目了然。也許人人都不一樣，只是剛好碰上。

紅菜頭

阿康種的 Red Ace Beet 來自美國，是紅菜頭品種中表現比較穩定的，長相幾乎都圓滾滾地一模一樣，味道甜而軟，最優勝是五十五日收成，比其他紅菜頭大約早一個星期。

紅菜頭漸漸在香港受落，可以切碎摻入米中煮，或連葉子滾湯、灑檸檬汁當沙律。由於紅菜頭含糖量很高，所以在歐洲等地區用來造糖。除了香港見慣的紅色，還有好多品種：

橙色的 Golden Beet 味道較淡，黃色的莖幹也可生吃；Forono 長五吋，比其他的紅菜頭都甜，容易刨皮但不耐放；Chioggia 有漂亮的旋轉花紋，外皮也最光亮，是最耐煮的；而矜貴的雪白紅菜頭 Blankoma 是新近培植出來的。

翠玉瓜無黃金

阿叔的田，今年收成認真麻麻，網屋裡的番茄全部種死了，芥蘭瘦瘦小小的，乾脆便任由它開花留種，唯一亮眼，是田裡金澄澄的「黃金翠玉瓜」。

可是也沒人買。

「都是『大龍』給的種子，其他的農夫也不喜歡種，產量比起綠色翠玉瓜少很多，容易爛，又賣不去。」阿叔帶點惆悵地說，愁容令臉上的皺紋更深。

他口中的「大龍」，是全港唯一由政府經營的大龍實驗農場，專門協助本地農夫解決種植問題。那裡面積近三十個足球場，有好多間溫室，好多阿姐幫手培苗——去過才知道，香港原來有農業。

「大龍？都有名叫『實驗農場』，最叻就是拿我們做實驗！」聽過不只一位農夫抱怨。每年大龍實驗農場都會不斷介紹新品種農作物，例如網紋蜜瓜、綠寶石車厘茄等，大多是極其嬌嫩、亟需呵護，除了人手還要有溫室、雨棚、網屋等設備。政府不是沒有資助，阿叔五年前便申請到錢搭膠紙棚，他僅需支付兩成，大約五千元。只是膠紙棚擋了雨，也擋了風，夏天太焗、冬天不夠陽光，連蜜蜂也較少飛進來，農夫甚至得人工授粉：摘下雄花，一朵朵雌花地掃。

而且土地長期被覆蓋，沒有接觸到雨水，灌溉的水無法深入土壤內層，長期會鹼化，再加上肥料本身也會有鹽份，土壤鹼化便會大大影響農作物收成。這是為什麼室內種植往往兩三年後便變差，需要不斷更換泥土。

更慘是辛辛苦苦出錢出力，新品種卻種不出，種得出也少人買。

推銷農產品，是蔬菜統營處的工作，大龍無需跟進。

「總之，這幾年大龍教種的，都沒有收成，得個『蝕』字！」阿叔苦笑，他本來租開六斗地種田，業主加租，如今只剩下四斗地。

「黃金翠玉瓜不是我們推介的！」大龍實驗農場農業主任陳兆麟一口否認：「黃色最易惹蟲，公園黏蚊的膠紙就是黃色的。」

然而他堅信，本地農夫一定要走向「精耕」：

「一分投資，一分收穫！」他說：「雨棚是防雨，針無兩頭利，是比較適合耐熱的農作物，如果夏天沒有加裝抽風機，冬天沒有加溫設備，自然難種得好！」尤其是剛剛過去的冬天，忽冷忽熱忽暴雨，連向來最容易種的生菜，收成期也推遲了半個月。

「如果什麼投資也沒有，露天露地，怎可能有收成？」他強調資助起防雨棚等，只是示範，最終農夫亦需要付出去改善耕種環境。

先不說雨棚網屋等長遠不利種植，香港適合有機耕種的農地已經愈來愈難找，地主嚮往賣地收地，租約一般三年，並不樂意續租，農夫如何還能負擔這些額外投資？

陳兆麟停一停，答：「那就要看農夫的個人興趣和抱負，總之，不可能期望一種就滿地黃金！」

今年夏天，大龍實驗農場會向農夫推介無核小西瓜、泰國苦瓜、彩色西椒……

露天露地？免談。

翠玉瓜

翠玉瓜又名西胡蘆（Cucurbita pepo），原產於美洲，是美國、歐洲等地溫帶的植物，只能在香港十月至三月種植，而且日照不足，或者水分過多，都會影響收成。

黃色翠玉瓜其實在歐美很普遍，也有球形，甚至瓶子形的，可生吃當沙律，也可快炒或蒸，但最最吸引的食法之一，是拿翠玉瓜的花包入芝士、裹上粉漿拿去炸！

香港曾經也有農夫想過只賣翠玉瓜的花，然而天氣不適合，成本太高，目前買有機菜的主婦也未必懂得食法，試問有多少間酒店和西餐廳，肯冒險向產量不穩的本地農夫入貨？

命如韭菜

韭菜是少數的綠葉菜，無論多熱多冷，一年四季都生長繁盛。抓起一把韭菜，貼著泥土一割，地上乾乾淨淨了，明日一早，又再冒出點點綠。

而農夫堅叔的命，就像韭菜。

他十八歲來到香港，隨即到西餐館學廚，每個月賺到七十元，不夠半年，更升到二百元，那是一九六二年，人們月入不過二十多元。餐廳叫「美華」，位於當年號稱「小上海」的北角，兩年後，嫌西餐複雜，改學中菜，轉到同區有名的小菜館「北大」。

「六五年，有人以四百元美金月薪請我去美國做廚師，我也不肯去！」他說。

正是得意之時，意外跌斷腳。

一切重新開始——到西灣河學做藤器，例如出口到外國的菜籃子。他眼利手快，才六、七年，便掙到二十萬元，頂下堂兄在錦田的藤廠，然而才三年，全部蝕光！

又再打回原形。

「桐油醒始終裝桐油。」當西廚的老爸勸他回餐廳。「我就是要和老竇拗氣！」他賭氣地把全副「身家」買了一把鋤頭、一把六齒耙，一頭栽進農田，轉眼居然三十多年。

來香港之前，他在內地農業社待過兩年，第一年，種最受歡迎的菜心，收成慘淡，硬著頭皮撐下去：「第二個女兒出生了，家庭負擔好重，老婆要去打工，我耕田搵不到食，就靠捉田雞、捕魚苗、養小鳥，才有些收入。」

錦田左鄰右里都種田，他看著看著，不斷偷師，第二年開始有收成。

「種菜曾經好好價錢，年初三的生菜，六十元一斤！就算最賤的通菜，四十五天收成期，也沒跌過八元一斤。但九七年後，大陸菜二十四小時入口，香港市場就無得做了。」

禍不單行，因為興建西鐵，錦田部分農地被政府徵去，堅叔把賠償的一百多萬元拿去買股票：「信錯了李嘉誠個仔，一股電訊盈科由二十多元跌到幾毫子！」

終於六年前再租地，這次改種有機菜。

堅叔看著自己種的韭菜，一臉自豪：「我的韭菜好靚！濃味，又無渣！六年前已經三十二蚊一斤，一直沒減過價。」

他說種韭菜的秘訣在於施肥，以前人們會用雞屎厚厚蓋一層。種田施肥最好是用牛糞，因為牛消化得仔細，牛糞幾乎等於經過堆肥後的肥料，雞的尿屎都混在一起，一般農作物受不了尿液，然而韭菜卻受得了，並且長得又肥又壯。只是如今香港養殖業式微，堅叔會用骨粉、麩粉等有機肥料：「割一次，就落一次肥，而且要用泥土蓋著根部，讓菜苗重新冒出來。」

才二十天，便可以再收割。

幾年來，韭菜田割完又長，割完又長……堅叔的有機農場一直虧本一直撐，但他沒有放棄：「有機菜的市場應該有得做，當交學費吧！」

田裡長出幾株韭菜花，白色小花放煙花似的，很是燦爛。

韭菜

韭菜一年四季都有，但「春香、夏辣、秋苦、冬甜」，還是冷天比較好吃。

民間傳說：西漢末年，王莽篡位，太子劉秀逃亡到安徽一帶，有一晚，劉秀又餓又渴，爬進鄉間一家茅庵，茅庵主人於是割野菜煮給劉秀吃。劉秀連吃三碗，覺得好香，就叫這無名野菜「救菜」。後來劉秀當上東漢光武皇帝，想起這「救菜」，叫人採割並命御廚烹炒，更覺可口，特地造「韮」字代替不吉利的「救」字，後人又把韮菜簡化成韭菜。

但這應該只是傳說，因為早在《詩經》便有「獻羔祭韭」，中國有韭菜起碼三千年！

而且早在一千年前的宋朝，人們已經懂得用器具蓋著韭菜生長，變成「韭黃」。在香港，蓋韭黃的器具多是陶瓷造的，是長長的尖錐型泥罐，在粉嶺馬屎埔這些傳統的農業區，路邊不時會看見這些碎了的「韭黃罐」。

春

三月

March

今年夏天，還想種什麼？

TV想也不想：「當然是『中』六合彩啦！」

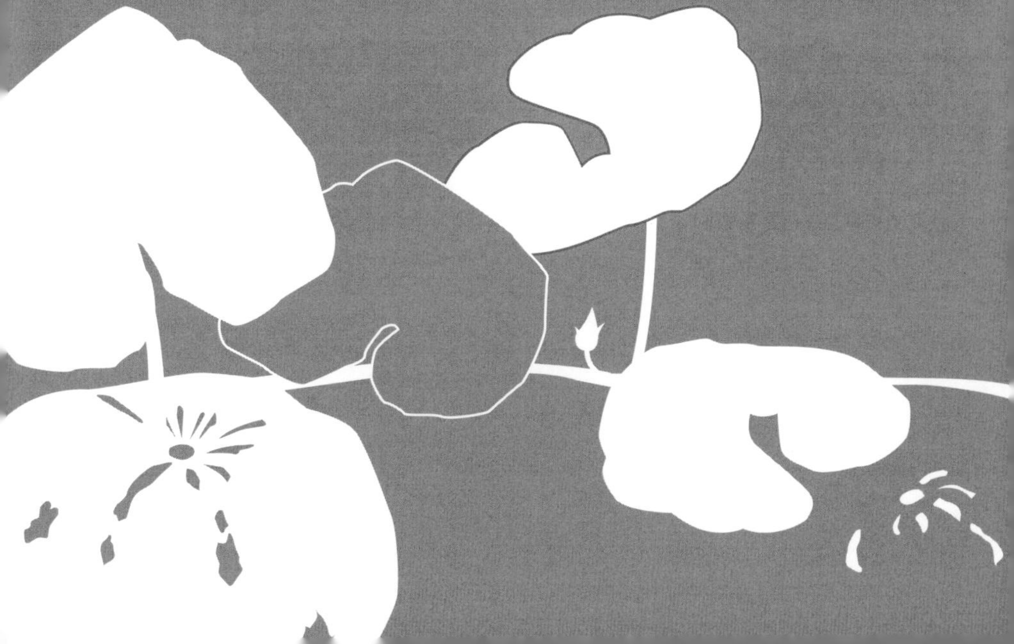

菜種留不住

三月由驚蟄到春分，春耕工作全面展開，菜種店是最熱鬧的了。男人挑了幾包種子：「哪包最易種？」媽媽拉著小孩：「哪種菜，最快可以吃？」老人黑黝黝的臉，皺紋顯得更深刻，進來只丟下一句：「兩包，唔該。」老闆輝哥轉身拿出兩包農藥：「這是最後一次用舊價了。」老人點點頭，給了錢就走。店員也正忙著，逐殼種子磅重，足足裝了兩大個到腰部的麻包袋，那客人，在內地開菜場。

上水「馬振興」菜種店，是行內最有名的老字號。本地菜種生意，一直都是潮州人包辦，香港種子商會幾乎所有成員都說潮州話。新界農夫來自南海、番禺、順德、客家，甚至福建，唯獨潮州人來到香港，不種田，卻去做肥料種子的生意，一個兄弟負責一個區，同村另一個兄弟又跑另一個區，把全港農地的生意都壟斷下來。

「馬振興」在一九五九年開店，歷史比不上一九零五年創業的深水埗「陳振潮」（振潮不是老闆的名字，是「陳家振興潮州」的意思），但出名種子靚，發芽率高。

輝哥很緊張店鋪的聲譽，所有種子都會定期測試「芽率」，像夏天的瓜豆種子，賣不完的，不一定能留到明年，儲存要好小心，基本上都會丟掉，往往丟的比賣的還要多。

種子要發芽率高，品種更加要靚。輝哥說：「如果種不出倒好，農夫馬上便知道，如果種了幾個月才知道有問題，那農夫就慘了。我阿媽整天都說：『農夫好辛苦，要花好長時間，好多工夫才搵到食。』以前上水個個都是農夫，種田要養活一家大細。」

昔日菜種店留種，都得靠農夫，那還不是隨隨便便找一個。

首次要有技術和知識，識種菜的不一定懂得留種。比方菜心，要種在山谷等比較偏遠的地方，不可與其他田的菜心或白菜等同樣都是十字花科的植物雜交。種植的面積不能太小，確保可以順利授粉，期間除草、施肥，花的心機只會更多。

種出來後，農夫要細心觀察，拔掉比較差的，最優秀的兩三株還會綁上絲帶做記認。但什麼是「優秀」？菜味、外形、個子……全部都靠那農夫話事。有點像是挑選「基因」，以前可能是個子長得比較大的受歡迎，現在人們的口味卻喜歡比較腍甜，農夫一代代地挑選菜種，強化蔬果的某一些特質。

種一斗地（大約七千呎），僅僅可以收到一斤菜種。

留菜種的農夫，基本上都是最懂種菜的，被尊稱為「師傅」，但最最重要，還要人品老實，不會私下留種，或者把種子賣給別的種子店。「媽媽以前每個星期都親自去田裡看，她常常對我說：『做這行，不落田是不會成功的。』」輝哥說。

不過如今，留種的方法已經不同了，新界再沒有農夫和土地可以這樣留種，內地官方和私營的種子公司質素亦沒保證，馬振興的種子很多都是托紐西蘭的種子農場去留種，並且挑選比較穩定的日本交配品種，例如日本韭菜、日本菠菜等。

輝哥眼前的收銀機比他的年紀還要大，背後是一整排的玻璃樽。他用得很小心，打破了，寧願用膠紙修補：「這些都是我阿爸特別訂製的，高身有蓋的比較密封，專裝葉菜種子，矮身圓樽放瓜豆種子，要透氣。以前店裡光是高身瓶都有二十多個，整個木櫃都裝滿，現在高身瓶……只剩下九個。」

本地菜種很多都失傳了。

例如白菜，輝哥說現在最好賣是「匙羹白」，由於最初在江門出產，也叫「江門白」，現在內地菜場一年四季都有農夫訂種子，江門白本來有分短腳（四吋）、中腳（六吋），甚至大棵的「高腳江門白」，但由於近年人們不喜歡吃很大棵的菜，漸漸只剩下短腳的品種。

而粉嶺馬屎埔本來有種的高腳白菜「馬尾白」，更是老早便沒人種。「菜的品種，是由市場決定，人們不喜歡吃，農夫不種，品種便消失，『馬尾白』本來很經得起夏天的雨水，但可能就是因為粗生，不矜貴，賣不到好價錢就失傳了。」輝哥說來也有點無奈。

又例如「圓葉莧菜」愈來愈少農夫買，因為在街市尖葉莧菜較受歡迎，莧菜尖葉的比圓葉的「滑」。

現代人口味都偏向「甜」、「滑」、「軟」。有點苦味的菜像苦麥菜，多年無人問津，以前的農夫還會種來餵牲畜，苦麥菜又叫「鵝仔菜」，但現在鵝鴨都不許養了。菜種店已不再賣苦麥菜的種子。

更驚人的是，連真正的唐生菜也在本地絕種，現在我們吃的，都是「意大利生菜」，外形有點像，但唐生菜帶有少少苦澀、外形比較散開，加上受不了天氣熱，九十年代尾已經全面被意大利生菜取代。

除了口味，天氣也是大問題，像菠菜，以前最有名是「佛山菠菜」，但天一熱，菜葉便變黃，現在賣的都是日本改良的品種。輝哥說以前菠菜種子有刺手的外殼，要先浸水，放在冰箱一兩天，騙種子冬天到了才會發芽。現在改良後變成紅色小扁豆似的，紅色是噴了藥的緣故，令菠菜更容易在土裡健康地發芽。但縱使改良了，天氣不穩定也會失收。有機農夫不能買這種有染藥的種子，更少種菠菜。

去年冬天時冷時熱時大雨，「豬乸菜」的種子沒留下來，輝哥說，今年店裡已經沒有「豬乸菜」的種子賣，如果今年農夫再無法留種，可能從此中斷，只能改賣味道較遜的「君達菜」。他估計接下來本地會絕種的，是潺菜。「除非報紙有人寫，否則都沒人識，不出幾年就會失傳。」

人們懂得吃的，恐怕就是粉麵店的「油菜」，不理天氣，全年都吃菜心、芥蘭、白菜仔。

黃葉40日菜心
上海白
客家芥
80日菜心
長身苦瓜
青骨通菜
大頭菜蘿蔔

種子大生意

輝哥現在99%的生意都在內地，本地零售生意不足1%。內地由於解放初期重視種米和大豆，忽略蔬菜瓜果等副產品，不少傳統品種靠香港承傳，開放後，香港人又回內地投資菜場，內地種子科研注重產量多過質量，香港種子公司有市場。

在商言商，輝哥坦言也開始減少賣傳統種子，因為交配的種子無法留種，才能保得住內地的生意。

南涌大南瓜

整個冬天，都在南涌農場大吃南瓜，好粉好甜，只要簡單地拌上橄欖油和香草，焗完金澄澄的十分吸引，由聖誕到農曆的新年派對，總會一掃而光。農夫TV也很高興：「牛髀瓜可以種到咁粉！」連忙留下種子。

南涌農場，由香港永續農業關注協會打理，所留的種子都會分發給本地其他有機農場。

在中國，南瓜一直不是主要食糧，因為品種「削」，一煮便是一泡水，昔日香港農夫也只是隨便種在田邊，並且拿來餵豬。近年街市有賣的牛髀瓜，已經是跟日本和印度南瓜雜交過的品種。

TV先是在街市買了一個牛脾瓜，吃完留下種子，便在南涌下種。先後種了三造，每次都把最好吃的種子留下來。

「雜交的品種，種幾代，便可以去雜交化。」他解釋：種子公司會精心挑選不同品種雜交，例如「阿爸」的品種很甜，「阿媽」的品種很粉，雜交出來的「孩子」便又粉又甜，但種到第二代，「孫子」可能還有「爺爺」的甜味，但已經沒有「嫲嫲」的粉質，即是表現不穩定。

這是一般農民不敢冒險的，於是一直依靠種子公司供應種子。種子公司考慮的是市場，而科研機構則致力令農作物更適合大規模的商業生產。例如為了出口，會挑選外皮較厚的番茄，傳統薄皮多汁的品種，便會消失了。

但其實每一塊田的水土環境都不一樣，要種植最適合本土的品種，一定要自行留種。同一個牛髀瓜的種子，種了幾代後，每次農夫都把比較喜歡的留種，慢慢地，就可穩定地長出農夫自己希望要的品質，相比依靠種子公司和農業部門，更有自主權。

南涌的牛髀瓜，在種植過程中，也有受到江蘇南瓜的影響。五年前有江蘇農夫帶來當地傳統的南瓜，它可以長到兩呎長，個子非常大，但質地比較多水份。TV在街市買來的牛髀瓜，與江蘇瓜種在附近，加上特有的魚塘邊水土環境和城市廚餘肥料，竟然長出大大個的

「南涌瓜」，每個都超過十公斤！

收成了，還要曬至少一個星期，使水份略略收乾，更甜更粉。

南涌還有種日本南瓜，日本南瓜個子較小，一般像「碟頭飯」的碟子大小。但有年南涌種出好大的日本南瓜，個子變大，但味道一樣粉甜，不過，留種失敗——給老鼠偷吃了！唯有再買種子，重新挑選留種。

南瓜

TV叫中國南瓜做「牛髀瓜」，我嫲嫲是福建人，不叫南瓜，叫「金瓜」，過年除了做芋頭糕和蘿蔔糕，還會做「金瓜糕」。同一個瓜，去到潮汕地區，變成「風瓜」，而在河南地區竟然是「北瓜」！

南瓜種遍全世界，太親民，個個都會起外號。

個子最大的南瓜品種，是印度南瓜，重如我們的大冬瓜，個個都有三四十公斤。歐美每年舉行的大南瓜比賽，是特別配種的巨型品種，再拚命施肥。二零零九年美國俄亥俄州一位女士，便種出七百八十二公斤的大南瓜，破了世界紀錄。

最想種什麼？

南涌今年也有農作物失收：綠葉菜種得不太好，並且幾乎都給鳥兒吃光了。

「主要是土地的質地好酸，綠葉菜長得不好。」TV解釋。

「放一些鹼性的肥料，不就可以中和土壤嗎？」我理所當然地問，一些種植書籍都這樣教。

「加鹼，要加一世！為什麼不種一些喜歡酸性土壤的農作物？」TV示意綠葉菜四周的番茄，都長得非常好。還沒問，他便接著說：「那就只種番茄嗎？也不是，農夫需要時間了解土地，就可以安排。」

三、四年前TV在魚塘邊種綠葉菜，收成非常好：「連從來不相信有機菜的人，吃了都說：『原來菜心可以這樣好吃！』」

只是這片地，後來改種稻米，因為稻米需要把魚塘水位降低，形成一片淺水的濕地，考慮過整個環境，他就在另一個魚塘邊，種植綠葉菜。冷天少雨水，魚塘露出的土地正好種芥蘭、菜心、黃芽白等秋冬當造的綠葉菜。

時間是對了，然而原來這片土地偏酸，只有芥蘭長得比較好。其餘的油麥菜、黃芽白、紅菜頭都長得頗瘦弱，葉子很快便被鳥兒吃光了，連菜蟲也沒機會長大，成排菜心，只剩下一片花。

「知道了泥土的特性，明年就不會再在這裡種綠葉菜。」TV也不介意。

知道可以做什麼，和知道什麼不可以做，都是一種了解。農夫就是需要時間碰釘子，經過五年、十年，才會了解自己的土地。每一片土地的氣候和水文不同，就算是刻意留種，例如留南涌種得非常好的南瓜，到了別的農場可能結不出同樣大小的果實來，如其改變土地和環境去種植，事倍功半，不如配合本身的自然條件。

更要改變的，是人們無窮的慾望。超級市場裡從世界各地運來琳瑯滿目的食物，背後帶來連串問題：千里迢迢運輸耗費能源、品種商品化、小農收成少，超市轉向大型工業農場入貨；不是本地產，供應無法彈性調節，造成浪費……

種你能種的東西，其實是尊重環境。

南涌種植綠葉菜，暫時告一段落，今年夏天，還想種什麼？

TV想也不想：「當然是『中』六合彩啦！」

番茄選擇

阿康的番茄都種在溫室裡。

走進溫室，是一條條綠色隧道，身邊兩旁全是大把大把的番茄，顏色雖然還是青色，可是飽滿發亮，偶有幾顆熟透了卻沒被收去，紅噹噹更是嬌艷誘人。

「隨便摘下來吃啊。」阿康這一季，種了五個品種的有機番茄，大都是從外國的種子公司訂回來。

Favorita和Sun Cherry乍看起來都是一樣的車厘茄，細看才分得出前者是一串對生如頸鏈，後者像手掌分枝長成一大把，試吃後便知道，它們的肉質、汁量、香氣都有微細差異——但詞彙貧乏都不知怎去形容，兩種都好有番茄味，但明明是不一樣的番茄味！勉強說出來的話，Sun Cherry 吃完後，還能感覺到番茄皮，Favorita 則輕巧得多，皮好薄好軟。最漂亮是心形的Tomato Berry，然而吃進口裡，可給比下去。

「其實也是清甜多多汁的車厘茄，但一比較，Favorita 更香，味道更豐富。」我告訴阿康，他馬上說：「那就要想如何改善，可能要再施肥……」

阿康種菜，非常勤力，問他秘訣，只是重複回答：除草、施肥、淋水。

等於問上學如何成績好，一味答：溫書、溫書、溫書。

而TV，他把番茄都種在露天的池塘邊。

魚塘旁邊長長一列，全部都是番茄，所有橫枝都沒有摘走，長得異常粗壯，為防雀鳥啄食，隨便圍了一塊網布。TV今年種的七種番茄，是去年種了十一種番茄後經挑選繼續種的品種，種子也是自行留下來的。

那些番茄，好野性！奇形怪狀的，絕非超市看到每粒大小都幾乎像倒模的品種，味道也大不同：大紅番茄「桃太郎」好甜，像是大粒的車厘茄，除了肉厚，還會像西瓜一樣起沙；黃色的大番茄 Big Yellow 的肉更厚，但味道較淡，居然有點糯的口感；還有一種豬肝色的，極多汁……每一個品種，都性格鮮明，並且因為生長的位置和成熟程度，每一顆都略有不同。

TV只施過一次肥，除過一次草，就是在種番茄前，把城市運來的廚餘堆在池塘邊，蓋上剛割下的野草，然後等三個月自然腐化後，原地種植。

「這是最懶的耕種方法，但又有好多收成！」TV在番茄成長期間，一直忙著反高鐵，都沒有怎打理。

這都是選擇：

如果你是農夫，會付出長時間留種堆肥，還是花錢搭溫室不斷施肥？

如果你是大地，希望吃人類吃的，和萬物一同生長的植物，還是嚥下溫室那甚難化解的塑膠膜？

你最可能是消費者：以有機農藥和有機肥料種植的番茄，已經夠好，但你可以接受味道無法預計的奇形怪狀番茄嗎？又或者，寧願要工廠式大量化學肥料谷出來的廉價番茄，任由化學農藥流向其實無選擇的大地？

番茄

一九八四年美國太空總署送了一千二百萬粒番茄種子上太空六年，然後交由老師種在教室，結果引起不少家長、老師、科學家反對，擔心這些太空番茄可能產生突變。不過中國一於無有怕，神舟一號早已帶種子上太空，目前內地已有「太空番茄」出售，據稱「營養多兩倍、更快大、更耐放。」

而金寶湯公司和加州卡爾基因公司(Calgene Inc)贊助的基因工程，亦培育出全球第一種基因番茄 MacGregor tomato，卡爾基因公司聲稱這番茄「非常好吃，而且經過長途運輸，也不會影響味道」。

很多人以為不斷人工改造農產品，是因為人口增加而迫於無奈，事實是每天都有成千上萬的農產品包括番茄被丟棄，香港每天四成垃圾都是廚餘。改造番茄最大誘因，是運輸銷售等商業考慮。

四月
April

「飽死荷蘭豆」諷刺太自大的人，就像粒豆太大，把豆莢都迫破。香港農業萎縮後，這俗語簡化為「飽死」！

四月

飽死荷蘭豆

四月初，可能是最後幾天可以吃到本地產的荷蘭豆了。

危叔於去年九月，天氣稍稍涼快便下種。荷蘭豆是極嬌嫩的農作物，最佳的生長溫度是攝氏十五度，冷一點還可以，一旦熱過二十五度就會死；泥土乾一點，也可以，但連場大雨一定會爛掉。

「真的很奇怪！」危叔指著荷蘭豆說：「第二批豆只是遲了一個月種，居然會多了一隻角！」

荷蘭豆有「角」？

要非常細心看，才發現早種的一批，葉莖直接長出荷蘭豆來，但遲種的一批，葉莖會長出小橫枝，再長出荷蘭豆，小橫枝和荷蘭豆的「柄」，就形成了一個直角！「明明同一個品種，同一塊田，居然會不一樣，真奇怪……」危叔繼續喃喃自語。就像母親，曉得嬰兒身上每一粒痣，只有農夫才會看到這微細的差別吧！

荷蘭豆的「敏感」程度，也可見一斑。剛過去的冬天，氣溫和濕度如此反覆無常，也真難為了農夫。

「係呀！一下雨就唔靚，熱啲又唔長！」危叔也忍不住吐苦水：要搭雨棚，要撐起支架讓葉莖攀爬，因為人民幣和運輸費都不斷加，這些材料愈來愈貴，到收成時，又要花時間逐條摘下來，荷蘭豆比別的農作物都要花工夫。

可是荷蘭豆的花好漂亮，像是一群群小蝴蝶，危叔種了兩個品種，粉紅粉紫色是中國品種的荷蘭豆，比較脆甜；白色花是美國品種，皮比較厚。有說這美國荷蘭豆完全熟透了，就是我們熟悉的雪藏青豆？

賣菜的輝哥實牙實齒地說：「美國品種的荷蘭豆如果不摘下來，熟透了，就是青豆；如果再等一下，豆莢完全枯掉，那豆變成淡黃色，便可以留種到秋天再種。」但再追查下去，原來荷蘭豆和青豆，是同科植物雜交出來的不同品種，要由不同的種子種出來。

縱使我們天天都會吃，但農業的世界，愈來愈遙遠。

又例如六、七十年代人們掛在口邊的「飽死荷蘭豆」，現在很多年輕人聽都沒聽過，這是諷刺太自大的人，就像粒豆太大，把豆莢都迫破。香港農業萎縮後，這俗語簡化為「飽死」！

「飽死荷蘭豆」還有下句，是「餓死韭菜頭」——韭菜摘完會不斷長出來，但如果不施肥，韭菜近根的莖會變得幼細，像是非常自卑。如今城裡人吃的都是一束束處理好的韭菜，哪裡還知道韭菜頭長什麼模樣？

過了三月，本地差不多沒有荷蘭豆可收成，雖然超市街市全年都可以買到世界各地溫室種植的荷蘭豆，但先擱下運輸耗能，食物里數愈長排放二氧化碳愈多等「大道理」——只想說，去過危叔的農田看過他怎樣種菜，會對跟他買來的荷蘭豆多了一分親切感，而且知道吃畢便要再等到冬天，因為有時限，額外珍惜。

這一口荷蘭豆，好甜。

荷蘭豆

早在八千年前，中東和希臘一帶已經開始種荷蘭豆，再經印度，在漢朝時傳入中國，年代太久，「番」字、「胡」字都沒用上，傳統就叫碗豆，或者豌豆。

然而在清朝乾隆年間，這豆又從荷蘭傳到台灣，在《臺灣府志》寫著：「荷蘭豆，種出荷蘭，可充蔬品煮食，其色新綠，其味香嫩。」這是第一次有漢語文獻提及「荷蘭豆」！

嘉慶年間，廣東人劉世馨亦在《粵屑》一書中提及「荷蘭豆」，說粵港地區本來沒都有種，是乾隆時，有洋船把荷蘭豆帶到十三行，再分給當地人種。

豌豆是豆科（蝶形花亞科）、豌豆屬植物，基本上豆苗（leaf pea）、荷豆（snow pea）、甜豆（蜜糖豆 snap pea）及青豆（豌豆仁 shell pea）在分類學上都是同一品種，學名叫 Pisum Sativum，不過是不同的栽培種，可以雜交種出不同的新品種，但是要種豆苗始終要用豆苗種，荷豆始終要用荷豆種，味道口感是不一樣的，好像車厘茄和番茄都是番茄家族，但不能用番茄種子種出車厘茄來。

另外，基本上不同的 pea 都有紫紅色及白色的品種，有一種叫「香豌豆」的花卉品種，更可以開出不同的花色。

花腳蘆筍

第一次在田裡看見蘆筍時，頗為意外：一大棵文竹似的，亂七八糟的幼葉子，居然高過人頭，直至看見泥面那小小冒出頭來的蘆筍，才敢確定。葉子堆裡還有吊鐘似的小黃花，結出綠色小圓球的果實，熟透了變橙色，曬乾就是種子。

但更吃驚是香港早在六十年代已經有農夫種蘆筍——不是種來吃，而是用來做配花！

在大埔種蘆筍的危叔說以前叫這做「花腳」：「菊花、劍蘭、桃花都好高身，瓶口就會插一些蘆筍，花牌插花也有用的。」

花牌插蘆筍？那畫面太不可思議……

聽了半天才知道，原來插的是葉子！

「六七十年代沒有滿天星，就用蘆筍去做『花腳』，花瓶再矮一點的位置，就用天冬。後來有了滿天星那些，人們嫌蘆筍枯了會黃，跌下好多垃圾。」危叔還是一個勁地解釋：「我種了蘆筍後，也有問過花店，都說現在沒人用的了。」

蘆筍在歐美非常普遍，香港西餐廳亦會入口，但街市出現蘆筍是九十年代的事。

台灣曾經大量植種和生產蘆筍罐頭，一九八零年台灣出口超過七萬噸蘆筍罐頭，出口量佔全球貿易量七成以上。八十年代中期，大陸福建、山東、河南、陝西、四川等地開始大規模生產蘆筍，九十年代已經年產超過八萬噸蘆筍罐頭，目前和西班牙一起瓜分了世界九成的市場。內地的蘆筍，也會運來香港，但內地卻較少人吃。

香港除了嘉道理農場外，只有很少農夫種蘆筍，原因是極佔地方。蘆筍有點像竹筍，會不斷冒出新枝頭來，但大前提是根部要肥壯，所以第一年只種不割，讓根部儲存養份。第二、第三年努力施肥才開始有收成，然後逐年變粗。

危叔種的，是姨甥在日本旅行時買回來的日本品種，種了幾年，才粗似筷子。另一位有種蘆筍的昌哥，則選擇美國品種，種到第三年，粗似手指尾。

昌哥解釋：「蘆筍適合歐美天氣，香港不夠冷，而且土壤也不是蘆筍喜歡的沙質土，經濟效益很低。」他種了近四排，最高產量時，也是一星期得四斤！仍然繼續，一來是有興趣，二來是有需要：一些接受癌症化療的客人、孕婦等，會特別訂購，因為蘆筍的營養價值很高，甚至被稱為「蔬菜之王」。

每年大約到了聖誕節，蘆筍的葉子會全部變成金黃色，風一吹，全部落到地上。農夫把枯枝都剪下來，過了農曆新年，泥地就會冒出蘆筍嫩芽來。

從二月至四月，如果你在有機菜檔看見本地蘆筍，一定要快手，昌哥種的都給預定了，危叔偶然會拿幾紮出天星碼頭農墟，他說：「不過剛拿出來還沒放在枱面，就給買走了。」

蘆筍

蘆筍名字的由來，是因為葉子像蘆葦，而剛長出來的根莖像竹筍，最早產於地中海一帶，早在二千年前已經有人種植。考古學家發現古埃及人最先種植，公元前二百年，羅馬人也曾經很愛吃，中世紀時蘆筍在歐洲不再受重視，只有阿拉伯人繼續種植，一直等到十八世紀，才被法國國王路易十四推廣開來，在二十世紀初才傳入中國。

白色蘆筍似乎比較矜貴，但綠色蘆筍更有營養，含有更多的維生素A。蘆筍的各種維生素和蛋白質，都比番茄多一到兩倍，並且有特別豐富的「組蛋白」，組蛋白是使細胞生長正常化的物質，能有效控制細胞的異常增殖，再加上蘆筍含有硒、葉酸、核酸，都可以提高免疫力，因此也有說可以防止癌細胞擴散。

難嗅米氣

「人要倒著走，腳趾要叉開，才可以在泥裡站得穩。」導師手腳並用地比劃，我有點緊張，正要伸腳，他又補一句：「別走太多步，不然會留下很多腳印！」

小心翼翼落到田裡，還好，泥土相當黏，能站得穩。

秧苗早已用淺淺的「禾鏟」，一塊塊地連根剷起，放在能浮在水面的「秧箸」裡。拿一塊，掰開四五株，插入泥裡時，先用食指鑽一個小洞，把秧插進去後，向左一靠，就站住了。

比想像中容易呢，連插幾行，抬頭一看，歪歪斜斜的！

原來眼睛要看住第一行，才會插得直。轉頭看見另一個導師執起秧苗隨手丟進泥裡，如果

「眼力好」，也可以這樣在岸上直接丟？我也拿起幾株，把根部稍稍握實，一拋，不深不淺就插進泥裡，比擲飛鏢更神奇！

綠田園好有心，連續第十六年舉辦插秧活動。好奇這些穀種是傳統的元朗絲苗嗎？

「都是向廣東省農科所買的，叫『粳豐二號』。」總幹事劉婉儀解釋：「自己留的穀種，兩三年後表現便差了，所以要買回來。」

可是沒有種子公司以前，農夫怎樣辦？每種幾年都會變差，不會愈種愈少嗎？

「以前還不是雜交的品種。」劉婉儀興致勃勃地告訴我「雜交水稻之父」袁隆平的故事：稻米的花蕊雌雄同體可以自花授粉，袁隆平是世界第一人，可以去除稻米的雄花，使稻米可以雜交，一九七三年他成功把每畝產量三百公斤提升到五百公斤。「這是好大件事！有一億人的糧食，是由於他才生產出來！」劉婉儀說。

翻查資料，袁隆平的經歷可歌可泣，「文革」期間曾經被狠狠批鬥，不但所有實驗器材被打破，秧苗也被拔精光。如今年近八十歲，仍然拚命研究「超級稻」，去年已經成功把每畝產量提升到八百公斤，今年會向九百公斤進發。

目前中國超過一半的水稻，都是袁隆平的雜交品種。處身設地想，辛辛苦苦插了滿田的秧苗，一定希望可以大豐收，雜交品種比本地傳統的純種稻米，產量多這麼多，自然會選擇前者！

本地純種，就這樣失傳了，別說元朗絲苗，全中國各地的稻米品種數目也都大幅減少。純種才可一代傳一代，雜交不行，農夫更需倚賴政府的種子庫。

諷刺是，產量高，中國稻米質量卻愈來愈差，南方稻米生產佔全國九成，只有一成達到業內一級或二級優質米標準，中國由世界第三大稻米出口國跌至第七位，香港人不也比較愛吃泰國香米？由於政府包銷，五分一賣不出的米都存在倉庫，陸續陳化，唯有賤賣作飼料或工業用途。供過於求，米價太低，農民紛紛到城裡打工……

這是科學範疇以外的事：增加糧食產量，不等於沒有人餓死。

插秧

中國農夫彎腰插秧的畫面，開始被機器取代。

傳統秧苗先密密種在一塊地，再用「禾鏟」，連根剷起，這樣不但有機會傷到根部，農夫還要幾根一束地彎腰插秧。近這十年，農夫開始把種子種在一格格小如指頭的膠格，秧苗便可以一格格拿出來，並且連著足夠的泥土，可以站在岸上拋進田裡。如果以剷秧方法培植出來的秧苗，這樣拋過去，會長得歪歪斜斜。

而一些大規模的農田，已經用機器直接下種，連插秧的步驟也省去，現在是一些不規則的農地，或者是小農，仍然會插秧。

香港曾經有米

稻米熟了，一把把稻穗打散後，就是一粒粒的稻穀，打掉穀殼後。稻米的味道和營養就開始流失，長途運輸就需要真空等處理。香港所有進口的，都是已經去殼的稻米，唯獨一處，仍堅持入口稻穀。

那天，我來到這唯一的打米場幫忙。

打米機的聲音好吵！Benny 爬上爬下，把江西運來的稻穀，倒進打米機。我的責任，是「撿屎」——穀米裡面偶會摻有昆蟲的糞便，打米機可以篩去石頭、磨走穀殼，卻不一定能把這些雜質濾去，需要用人手撿走。

驚訝地發現：每粒米的顏色和形狀，原來都很不一樣！

青色的是比較新的米，米愈熟愈白，並且會斷開……想來一株稻穗，長在不同位置，也就有不同的成熟程度，形狀長短也有差別，這時才曉得超市賣的米，是如何「嚴選」出來。

打米機第一格，先把石頭篩走；第二格，用兩個輪子，除去穀殼，原理非常簡單，輪子上只有一層膠帶，每粒穀經過，外殼就會給逼走，這就是糙米。

而白米，還要再三經過水磨，把外皮的米糠完全磨走，難怪糙米營養比較高，要把棕色的米磨到白色，要磨走多少！

Benny 拿起打米機裡的「垃圾」：「這些最好就是給雞吃！」

「大雞唔食細米」，在我腦海，終於有畫面。除了這些米碎，打米機還會把稻穀抽出室外，走到外面一看，整個山坡都是稻穀。

「如果這是金沙，幾好呢！」Benny 開玩笑，當年他也曾想過在這裡養雞，可以生產非常優質的有機雞蛋，只是碰上政府大舉殺雞，金沙夢滅。現在香港不是不能養雞，但規定要關起來，不可與野鳥接觸，只有嘉道理農場還有「走地雞」。

稻穀是極佳的肥料，米仔蘭長得跟細葉榕一樣高，木瓜都是胖嘟嘟的。

Benny 也曾經在粉嶺南涌種稻米，還是特地從菲律賓種子庫找到的「新界低地米」，只是夏天打風，把圍著的網架打壞了，稻米都變成鳥兒的大餐，只餘少量可以再留種。

「我第一次認識農夫 TV，就是在鶴藪村替他趕雀。」Benny 說起七年前的故事：「我走在田的一邊，鳥兒就飛去另一邊，跑過去，鳥兒又飛回我原先站的一邊，這樣跑來跑去大半天，TV 才開口說：『你執嚿泥，丟過去咪唔使跑。』我這才懂得從地上執幾塊泥巴，搓成一粒粒丟過去，其實一定不會丟中，但鳥兒就嚇走了。由禾穗熟了，一直到收成，都這樣在田裡守著。

所以我很肯定，所有稻草人、掛著的光碟……頂多有效三天！」

原來台灣當地，會燒炮仗，田裡掛著炮仗燒著香，每十分鐘，便爆一次。還有更殘忍的方法，是在田裡掛網，用鳥槍把鳥打下來，網上有鳥的屍體，其他鳥便不敢過來，這方法在香港昔日，也曾經用過。

香港昔日的「元朗絲苗」，曾經上貢朝廷。

元朗絲苗

元朗大平原，曾經有很多魚塘和蠔田，魚肥水令土地肥沃，種出來的絲苗米，曾經與增城絲苗齊名，上貢到朝廷。

直到五六十年代，元朗絲苗、流浮山生蠔、天水圍烏頭、青山魴鰂，都一直被稱「八鄉四寶」。後來內地難民湧來香港，人手充裕，新界紛紛改種經濟價值更高的蔬菜花卉，元朗絲苗最終失傳。

然而菲律賓當地的種子庫，居然有一種「新界低地米」（New Territory Lowland Rice），有香港人帶回來，在粉嶺南涌試種；另外亦有本地農夫到台山嘗試找米種，回到元朗耕種。不過，都未能大量生產。

夏

五月

May

我們有的在大學教書，平時就是對著電腦寫寫寫，滿腦都是乜乜主義、物物主義，但耕田累到半死，回家什麼都不想寫，管他什麼「主義」！倒頭大睡，還睡得特別香。

五月

莧菜@菜園村

「吃到自己種的菜，開心嗎？」我問Jenny。

「嘩，開到爆啦！」她笑得好開心：「莧菜一上枱，大家已經勁興奮：『嘩，我個仔呀！』入口，好脆！大家又大叫：『嘩，簡直好似我咁卜卜脆！』」

二月底開始，Jenny和一班年輕人在菜園村學種菜、興建「生活館」，五月大家終於可以坐下來，大吃一頓：紅莧菜、沙律菜、辣椒葉、芫荽……不但都是自己種的，更厲害是連那炒菜的廚房、廁所等，都是大家一起親手蓋的！

反高鐵、五區苦行、包圍立法會……火紅的抗議行動告一段落後，如何繼續？

Jenny 一直參與劇場演出，連同幾個設計和藝術圈子裡的朋友，在這次反高鐵運動都走得很前，大家過後一起反思：什麼是香港的新生活？

新生活，應該是自主的生活。

但如果連吃進肚子的食物也不能自主，談什麼新生活？

大家於是決定：由種田開始。

地點是菜園村一塊「垃圾地」，大家硬著頭皮執垃圾、除草，用了兩、三天時間，才開闢成一塊田。

勞動的衝擊非常強烈。Jenny 說：「我們有的在大學教書，平時就是對著電腦寫寫寫，滿腦都是乜乜主義、物物主義，但耕田累到半死，回家什麼都不想寫，管他什麼『主義』！倒頭大睡，還睡得特別香。還有另一個搞藝術的，平時設計一張桌子都要想用什麼概念、表達手法，但生活館需要一道門，馬上就得造出來。

漸漸我們不再只是用腦生活，而是用身體實際去過日子，這是很大的衝擊。」

Jenny形容自己本來「種什麼死什麼」，連仙人掌盆栽也活不了，菜園村去年派的鳳仙花種子，人人都種到開花，她也種死了。可是這兩個月一星期五天去耕田，除了當上「菜園村生活館長」，還變得非常嚮往「半農半X」的生活。

「半農半X」源自日本人鹽見直紀的著作《半農半X的生活》，指一方面親手栽種稻米、蔬菜等農作物，以獲取安全的糧食；另一方面從事能夠發揮天賦特長的工作，換得固定的收入，並且建立個人和社會的連結，目的是追求一種平衡生活，不再被金錢或時間逼迫。「農」和「X」各佔多少百分比，自己決定。

「在這裡，我學習放下城市人自以為是的態度，去感受天氣變化，並且透過土地，重新了解自己的身體，這和上班時僅僅順從老板，有意義多了。」Jenny笑言有朋友甚至覺得對住農田，好過對著女友：「因為土地很坦白，太乾、太濕，開心不開心可以一眼看出來！」紅莧菜長得太好了，大家很高興地又種了南瓜、花生、豆角、冬瓜、青瓜、粟米……並且拿出市面賣，銷售地點包括灣仔有機雜貨店「土作坊」。

但是，到了政府預定清拆菜園村的限期，生活館連同新開闢的農地都可能劃上句號。年輕人承諾和村民共同進退，有機會會一同搬村，建立大家共同規劃的生態村。

打動 Jenny 的，還有這份一起前行的力量：「說出來好像很肉麻，但大家一起相知相遇，然後各自令對方更有能力實踐理想，很美麗。」

傳統遇上有機

年輕人在菜園村先是跟著傳統方法開闢土地，先掘田坑、起田壢，然後學習有機耕種方法，不用農藥、不用化肥，拔起雜草後，薄薄鋪在田上保護泥土……看起來野草亂生，有別一般整整齊齊的菜田。

菜園村一些村民反應很大：「吓！點得㗎！」

可是年輕人覺得這樣種植更親近自然，而且吃有洞的菜，也沒問題。Jenny 說：「看見沙律菜給蟲咬，可是蟲也是大自然的一部分，為什麼不可以一併養？但讓蟲吃了多少才出手？我們正學習與自然建立關係。」

人人都種菜

不單是香港，日本和台灣近年都有「青年耕種潮」：日本年輕歌手藤田志穗以一身時尚造型走去種米，還成立Office G-Revo個人事務所，帶著一班十多歲的少女落田，種出來的米叫「涉谷米」，在涉谷新宿等潮流熱點大做宣傳，並且找來知名時裝設計師，設計方便下田又不失時尚的工作服。

台灣亦有留學日本的碩士農夫賴青松，親身下田種米，成立「穀東俱樂部」，鼓勵各人找朋友一起出錢租下一畝田地，再僱用一位「田間管理員」，然後大家便可以「吃自己種的米」，這樣的組織，在台灣已經開始遍地開花。

歐美城市亦流行各式各樣的城市耕種，例如window farm，把一排瓶子掛在窗前種菜，有香草、沙律菜、甚至連番茄都種到！不少建築師亦已著力設計有菜園的高樓大廈，甚至夢想把農業帶入城市規劃。

新名詞：「locavore」，結合了 local（本地）和 vore（進食）二字，一來是從低碳原則出發，避免耗費能源，所有蔬菜都要從鄉郊，甚至世界各地運來；二來也是配合大自然的規律，不時不食，並且不必再跟著有機認證等買菜，吃自己種的，怎會放農藥和化學肥料？連美國第一夫人 Michelle Obama 也在白宮開闢菜園，而被稱為 The First Locavore。

圖片由Videotage提供。

window farm

土瓜灣牛棚藝術村的「錄影太奇」Videotage去年十月由幾個實習生，用了兩三個星期做了一套window farm，但只是種黃金葛等植物，沒有種菜。由於有新展覽，裝置拆了，但負責人說今年冬天或會再拿出來，嘗試種菜。

window farm的材料和原理都很簡單，以棄置的膠樽裝泥土，加水泵把水抽上最高一排，再滴回最底一排，有需要還可加燈照明，尺寸和數量，都可以根據窗口大小設計。製作手冊可上網免費下載http://www.windowfarms.org。

苦瓜十年

鬧哄哄，香港一片青年耕田熱——突然卻聽到昌哥說想放棄。

昌哥可說是本地最受歡迎的有機農夫之一，好多客人都點名要買他種的菜，然而從一九九零年參加綠田園有機耕種班，二零零二年全職當農夫，在香港堅持務農二十年後，昌哥最近卻在猶豫：要否離開？

昌哥最自豪的，是成功種出有機的本地名種「雷公鑿」苦瓜。「因為苦瓜很難種得好，我就愛種難種的。」他說，黑黝黝的圓臉一直帶著笑。

嘉道理五年前出書寫本地農業，也訪問了昌哥，這木訥漢子解釋放棄機械維修的工作，其中原因是不想香港沒有農業：「如果我們這代人都不種田，香港就再沒有耕地了。」

這次聊起，他卻收起笑容：「我想，我現在改變了。在香港真的做不了農夫。」

昌哥第十年在錦田大江埔種田，由起初租四斗地（一斗地大約七千平方呎），到如今十五斗地，面積大了三倍。

「十年了，辛苦嗎？」我問。

「非常辛苦。」他答得很簡短，但語氣很肯定。

「想過放棄？」

「當然有。」

頂著大太陽，他滿頭都是汗：「很多東西都種不到，沒有收入，維持不到。」

可是昌哥的技術已經領先好多本地農夫，有雜誌想做「雷公鑿」苦瓜的專訪，才知道一般農夫是種不到的，種到也沒昌哥種的品質好、出產穩定。但凡昌哥出產的都會賣光，已經勝過很多農夫。

「現在天氣反常得好厲害，種不到！需求再多亦無用，種不到。」他突然一個勁地說：「政府不支持農業，支持的話起碼要穩定土地。一說起高鐵，個個業主都心雄，河邊的地說要發展房地產，隔壁的農場已經不能再租，我十五斗地有五個業主，很難肯定可以續租，天氣不穩定可以加裝基建，但這情況怎敢投資？我只有少部分的田，裝了最簡單的灑水系統，可以隨時搬走。」

昌哥不但每天人手灑水，有機農藥也少用，像粟米會有蟲，寧願用手去捉。這年來每次去昌哥的田，圍網、割草、修枝……嘴裡接受訪問，兩手從來沒停下來。今次天氣實在太熱，他才肯走到棚下休息。

也有請人幫忙，但人工完全划不來。

「我想，我是全行給外地勞工最高人工的了，連住包水電，月薪超過六千五百元，但也請不到好幫工，每個月都生產不到六千五百元的菜，那我一直補貼下去嗎？當年提早退休的公積金，可以說全部投入到這農場，幾十萬，都沒能翻本。」

年青人相信「半農半 x」可以維生，只是在目前現實中，往往是那份「半 x」的收入養起一塊田。我去的這些農場，沒聽過誰能回本，網屋雨棚等基建的開支，都像丟到水裡去。

少數有錢賺的是靠出租田地給一般市民、開耕種班、賣茶點、製作小食等，可是昌哥只想種田，於是也只有賣菜的收入。

他最近猶豫，要否去大陸開菜場。

我嚇一跳：「那菜還會運回來香港賣嗎？」

「多數不會了。」他也有點黯然：「內地城市需求好大，大陸最好的農產品，都已經不運來香港，像洞庭湖的白沙枇杷、北京水蜜桃、山東萊陽梨、新疆珍珠葡萄，都很多年沒有運來香港賣。」

內地發展農業除了有地，還有畜牧業，有雞屎種菜，豬糞排出的沼氣也可製成豐富的氮肥……漁農業緊緊配合，香港都沒有了，如此種田真的很辛苦。

而昌哥已經五十多歲，重新開始就要趕快。

「如果在內地搞菜場，或者還有機會發達……」我忍不住說，他反應很大：「我不望發達，想發達就不會種田，不會想發達。」

「也會希望老來不用太辛苦吧。」

他沒作聲，半晌說：「我慢慢也沒有精力了，年紀大，體力差，而且我們不是從小做到大的農夫。好辛苦。」

由於工人請假，一地的沙葛遲了收割，被蟲蛀了，番石榴樹辛辛苦苦逐粒果實包裹，卻沒時間收成，都在袋子裡爛掉。

走到種苦瓜的網屋，足足圍了兩層網，找了一會才找到入口，在兩層網中間鑽進網屋裡。

全是苦瓜的氣味！

那綠色是撲鼻而來的，聞聞那黃色的小花，也是苦瓜味。瓜藤上全部大大小小漲卜卜的苦瓜，看來是大豐收。

昌哥說種苦瓜的秘訣，就是要圍網：「以前針蜂（果蠅）沒那麼猖獗，現在天氣太熱，荒廢的田太多，腐爛的水果、瓜果又沒收拾好，任由爛掉，針蜂於是愈來愈厲害。」網屋防了針蜂，但也隔絕了昆蟲授粉，每天他都得摘下雄花，逐朵雌花掃。

苦瓜再苦，最後也是甘甜，如果一直苦到底，的確難以繼續。

雷公鑿

昌哥種的苦瓜品種，是「雷公鑿」，頭大尾尖，表面一粒粒的瘤狀突起，像是封神榜裡雷震子手上發出閃電的鑿子。昔日新界打鼓嶺最出名的特產便是「雷公鑿」苦瓜，與粉嶺鶴藪村的白菜「鶴藪白」齊名，遠至華南地區都知道。

昌哥解釋：「打鼓嶺的土質剛好有苦瓜要的微量元素，所以是最靚的，味道最濃，不過很多年沒有人種，已經失傳了。」。

昌哥還有種「白玉苦瓜」，不過數量漸少，因為熱潮過了，少了人買。他還曾經種過一種名為「超級二號」的雜交品種，同樣種兩個月，卻可以長到一呎半長。客人們卻嫌大，終歸還是喜歡味道濃烈的傳統品種「雷公鑿」。

寧願要黃皮

新界地方如攸潭美，哪裡沒有黃皮樹？一般的圓黃皮隨處都是，特別鮮甜的雞心黃皮，也幾乎家家戶戶都有種。

六月黃皮熟了，鳥兒一吃，又四周把種子散開去。

但攸潭美對開的豪宅元朗葡萄園，可不會見到黃皮樹，地產商選的果樹，是「高級品味」的櫻桃樹、葡萄樹等等。

「黃皮好，好味又正氣，香港種葡萄怎會好吃？我們棵棵都是真正幾十年樹齡的老樹！葡萄園那些大樹只是買回來插下去種罷了！」攸潭美的村民看著對面豪宅高高的圍牆，不以為然地說。

吃黃皮的，和種葡萄的，本來可以互不相干。

但能種葡萄的地皮，哪裡還會容得下黃皮？

自從元朗葡萄園落成後，兩年以來，某地產公司一直向城規會申請在攸潭美照辦煮碗興建低密度豪宅，城規會已經多次不批准，它依然再接再厲，並且申請發展的範圍更愈來愈大。下個月，城規會又再需要審批該地產公司的申請。

這次會不會批？

不批，三個月後會不會批？

攸潭美有八成是政府官地，村民住了超過半世紀，地產代理卻不斷在村內散播消息，只要城規會一批准，所有官地都會收回，嚇得老村民一直提心吊膽。

還有兩成私人地的業主，部分亦不想變賣祖傳土地。

「我賣掉了，以後住哪裡？」周貴賢大大聲說，他爸留下二十多萬呎土地：「還有，去哪裡找回這些左鄰右里？」他身邊一群村民都笑了，大家昔日都一起在攸潭美小學唸書。

周貴賢寧願種菜，在偌大的地方，他採取日本的自然種植法（Natural Farming Method），盡量不干擾大自然，不用農藥、不用肥料、不翻土，甚至不常澆水。看似一片荒地，細看卻種了好多農作物：白茄子、粟米、蕃薯、竹蔗、四季豆、薑……他以前專門供菜給醫院：「病人都要吃有機菜，常規菜用化肥有好多問題，好多患癌的，都特地跟我訂菜。」

種了五年，今年，他讓農田休息一年。

周貴賢住的兩間房子更加老舊，還不時有電視台借來拍古裝片。他指著矮小的一間：「我就在這裡出生！另一間是我五歲時家人蓋的。」

到現在，洗澡用的水，還是燒柴煮的，並且用自家的井水。

「我也做過十年八年藥劑生意，搵錢不快樂，見得多就化。」他一副沒所謂的樣子。

下一代也想繼續住老房子嗎？

「我三個女兒：一個博士、一個碩士、一個剛大學畢業，都跟我說：『老竇，千萬不要賣地！』」他家最奢侈的，便是有三個雪櫃，因為三個女兒都各有東西要放。

「吃黃皮啦！」周貴賢隨手指著屋前的黃皮樹，那雞心黃皮剛熟，好甜，好多汁。

黃皮

新界人都形容黃皮正氣，不似荔枝龍眼般燥熱，有說吃時連皮連肉一起嚼碎，連渣帶汁吞下，可以降火、治療消化不良或胃脘飽脹。

有的村民還會製「黃皮豉」，除了鹽、糖，還加點川貝末，泡茶喝，可以化痰止咳。我家也有一棵黃皮樹，吃剩的果皮用水稍稍煮一下，晾乾，加入蜂蜜醃漬，便是「黃皮蜜餞」，黃皮外皮有一種香氣，更勝果肉。

另外，原來黃皮不能一粒粒摘下來，而是要連枝葉一大把地割下來，這樣翌年才會果實纍纍。問過在嘉道理任職的生態專家，他有這樣的解釋：果樹其實沒有動力去結果，割下枝葉會令果樹覺得有機會死亡，才需要大量繁殖下代。

這也是為什麼本地鄉村的黃皮樹如果沒有人收成，只有雀鳥啄食，慢慢便凋零。

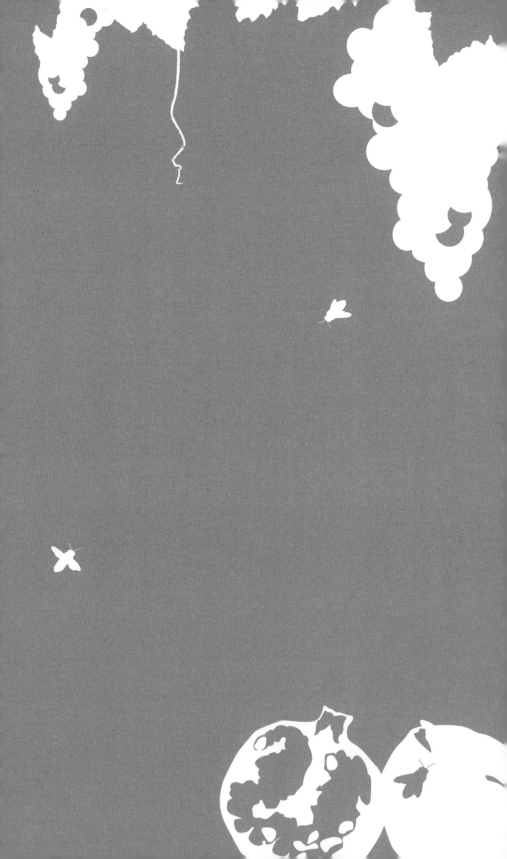

六月

June

一隻蜜蜂癱倒在我手上，腹部拖著白色的內臟，末端那根針已經刺進皮膚裡。像是手指被切傷了，疼痛蔓延全身。一時反應不過來。十天後，才鼓起勇氣，把肉裡那根蜜蜂針，挑出來。

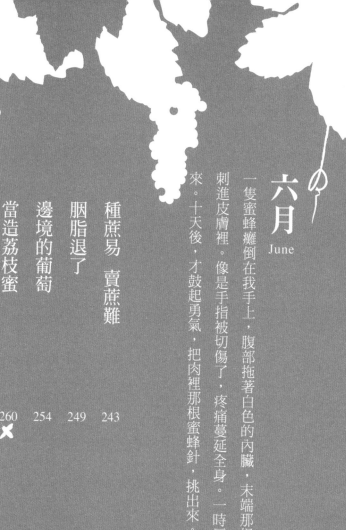

六月

種蔗易
賣蔗難

譚婆婆每天早上都會在梅窩碼頭擺攤子，賣的都是自家種的蔬果瓜菜，而無論大熱天時或者秋風乾燥，總會有幾紮竹蔗。配上茅根、馬蹄、紅蘿蔔，就是滋潤清熱的「竹蔗水」。

由碼頭沿著鄉事會路，閒閒散步到大地塘，才十五分鐘便會看見譚婆婆在路邊的田，零零散散幾塊地，種了好多不同種類的蔬菜，其中一塊，全部都長著甘蔗。

婆婆拿出一把鐮刀：「廿幾卅年前都要八十元的！特登入元朗買。」元朗是昔日主要的農業市集，種子、肥料、工具……務農需要的，都應有盡有。多年來，婆婆很愛惜這把鐮刀，不時磨利，以前還用來上山斬柴燒灶，現在就專門斬甘蔗。

婆婆一邊彎腰斬蔗，手背還貼著膏藥，一邊說：「這些竹蔗種了十多年，好粗生，斬了又生，斬了又生，但好『食』肥，骨粉、花生麩，要落好多！」

竹蔗可以插枝繁殖，只要把兩節竹蔗插在田裡，很快便會長出來，根部還會不斷冒出新枝，一年大約要下兩三次肥料，大約一年便可以收成。

蔗田密密麻麻的，怎麼還夾雜一棵木瓜和一些「綠色葉子」？

「粉葛來的，塊田有位，唔好浪費！」譚婆婆理直氣壯地答。

竹蔗斬下來，婆婆拖去另一塊荒廢的田裡處理，比人還高的竹蔗，只會斬下近根部的三四呎幹莖，一地都是葉子和竹幹，稍後燒掉當肥料。婆婆又拿著這十幾枝竹蔗，回到田邊的家裡。

婆婆大著肚子的孫女，默默接著竹蔗，婆婆轉身又拿出兩張小櫈子，還以為給我，正要接過——「唔係！你坐我再攞！」

真尷尬。

原來還有好多工夫：孫女先用水和鐵線圈，把竹蔗外表擦得光潔白淨，然後婆婆比著尺寸斬開一段段，整整齊齊扎成一紮。看著田裡斬下一大堆，整整一個小時後，只得三紮和一堆碎的，總值：二十元。

「種就唔難種，但工夫多！」婆婆說因為處理需時，現在很少人會賣竹蔗。

婆婆鄉下叫煲「竹蔗水」的甘蔗，叫「雞骨蔗」，她還曾經種過「黑肉蔗」，就是昔日看戲吃的那種，黑皮白肉好清甜，狠狠地咬扯，「習習」嚼了，吐出滿地蔗渣。

「種得好靚！肉好脸！嘿，個個都話牙痛，無人買！」婆婆說來仍然很不高興。「黑肉蔗」幾乎每個月都要施肥，種足一年，長得又粗壯又軟身，甜得不得了，卻賣不出去。連種兩年都虧本，便不再種了。

說起來很懷念，小時候若肯跟大人買菜，便會得到甘蔗作報酬，一塊錢一大段，蔗汁好甜，只是漸漸，也嫌棄咬得辛苦。

「哪你自己吃嗎？」我問婆婆。

「我七十二歲啦！牙唔得！」

年輕人如果小時候沒吃過，不會無端端買一碌蔗咬；年紀大的，牙又壞了。

「有時還會被人拉！」婆婆告訴我。

原來婆婆在梅窩擺賣，試過兩次給小販管理隊拘捕，還要去荃灣上法庭！第一次罰一百元，第二次罰二百元。「有個賣楊桃的，八十六歲了！一個籃仔賣幾斤罷了，也要去荃灣法庭上堂！」婆婆說拉人時，也有街坊抱不平：「阿婆搵兩蚊飲茶，唔好『蝦』阿婆！」

小販管理隊仍然日日來，不過最近幾個月沒來。

「『市政』（註：以前小販管理隊由市政局管轄）無事做，拉不到人就炒魷魚，拉到人便有得升級囉！」婆婆說。

茅根

甘蔗水另一個主要材料「茅根」，原來和竹蔗同科，都是禾本科，但屬不同類。茅根是野生白茅的根，可以在春天和秋天上山挖回來，洗乾淨後曬乾備用。

竹蔗水除了茅根，有時還會加入紅蘿蔔和馬蹄，除了甘蔗潤燥瀉火、茅根清熱利尿外，還可以健脾消滯。

廣東傳統還會用甘蔗和茅根熬成甜粥，最先在東莞一帶流行，香港曾經也有小店賣這種粥。

胭脂退了

嫲嫲最愛的水果，是番石榴。

好香！小碟子放幾個，整個房間都是果香，有一種叫「胭脂紅」的，果肉嫣紅色的特別漂亮。只是番石榴咬開呢，密密麻麻都是核，還是嫲嫲有耐性，慢慢慢地嚼。「番石榴，鄉下人叫『女人狗肉』的。」嫲嫲說。

新界現在種的番石榴，卻不是兒時記得的本地品種，而是大大粒，台語叫芭樂的台灣品種。

農夫阿何小心選著椏杈上的番石榴，剛開花，花落才一個星期便看到果實了，大小模樣像青檸似的。一棵番石榴，假若二百個果子全部一起長，統統都會好小，倒不如只留下一半，才能長出又大又漂亮的。所以每一枝，頂多能留兩顆。給選中的，彷彿民女入宮，從此不見天日：先用發泡膠網起，再用膠袋套著，末了還要紮上鐵線。

「包起來，是防止『針蜂』刺進去。」阿何口中的「針蜂」是一種近年肆虐的果蠅。細看，每個膠袋都割開幾道，讓空氣流通，工夫真不少。

「對啊，所以一個上午，頂多可以替兩棵番石榴套果。」他笑笑答。

瞥見一顆好大的番石榴，摘下來，沉甸甸的。番石榴一年可以有兩造，手上這顆，是春天開花結果的，眼前才剛套果的，卻屬於秋天開花結果的一批。一棵番石榴不過稍稍及一個人高，卻可結出超過一百斤果子，關鍵是肥料。除了把廚餘堆成肥料，埋在樹根，還要收集街市魚攤下欄製成魚肥，每月再淋在四周。

急不及待拆開膠套，一口咬下去，爽爽脆脆的，嚼著嚼著，忽爾懷念「胭脂紅」的軟熟甜香。那香氣，差太遠了！

為什麼不種本土的品種呢？

「因為台灣肯培植更好的品種，技術愈來愈成熟，可是香港？就算有農夫肯花心思栽種，退休了，也就失傳了。」阿何搖搖頭說。

還有，也是果蠅惹的禍，有機耕種不用農藥，要防蟲害，要一個個果套上膠袋，工夫太多根本划不來。再說，現在的人也寧願買大顆的芭樂，而不是傳統的又小又多核的品種。香港目前只有三四個農場有種植及出售番石榴，取捨之下，都選擇台灣品種。

當我老了，能耐著性子了，還能嚐到嫲嫲愛吃的「女人狗肉」嗎？

手上的番石榴，愈吃愈不是味兒。

胭脂紅

番石榴是十七世紀從安南（越南）傳到內地的，因為樣子有點像石榴，就被喚作番石榴。華南最有名的番石榴品種「胭脂紅」，是民國軍閥李福林農場的名產。

李福林是黑社會大佬，曾經用燈筒冒充槍械打劫，所以又名「李燈筒」，因為被官兵通緝，著草到南洋，卻在新加坡結識到孫中山，一起回國起革命推翻滿清政府，還當上了廣州市長！他隨即在鄉下大塘開設厚德圍園藝場，種植楊桃、番石榴、白欖等水果，其中最有名就是「胭脂紅」。因為與蔣介石不和，李福林二十年代來到香港，曾經在大埔開農場。

廣州今天還有種昔日大塘品種的「胭脂紅」，分為「宮粉紅」、「全紅」、「出世紅」和「大葉紅」四種，反觀香港，卻大都轉種台灣芭樂了。

邊境的葡萄

伍嬸站在一串串葡萄下，喃喃自語：「我諗都係酸。」

我本能地摘了一粒丟進口，嘩，盲公開眼!!

「香港能種葡萄嗎？是種來吃的嗎？……」五官都酸成一團，我皺緊眉頭連珠發問。

「種來睇下囉。」阿婆慢慢唸：「種的時候不知道好不好，人家給一小段，就試著插枝，長了幾年，今年才『打仔』（結果）。」

她抬頭看看，微笑：「種來睇下都好，靚就好靚。」

根本沒打算吃。

伍嬸住在打鼓嶺近禁區的地方，快五十年了。

丈夫一九五七年偷渡來香港，她六二年申請到雙程證，一來就遇上政府特赦，合法留下來。那年頭，新界原居民開始移居到英國、荷蘭打工，如水湧來的內地移民正好填補田間的空缺。伍先生和另外兩個男人，一起來到打鼓嶺「打菜園工」，地主八斗地，足足五萬六千呎，卻沒有水源。

三個男人開井，開了一個，沒有水；再開，也沒有。

開了幾個都沒有，其餘兩人走了。唯獨伍先生有太太、有小孩，不敢走。

地主也勸：「你就當幫我看田，不要給人亂丟玻璃瓶，耕田賺到就給多一點租，不然，就少交一點。」

伍家在內地已經有一子一女，在香港又連生五個男孩。伍先生非常勤力，終於開到井，拚了命似地種那八斗地。伍嬸揹著孩子，大著肚子，依然下田。

「好慘！半夜起身割菜，忙一會，快快跑回來看看，孩子怎麼睡在地上，臉上還有『粒粒』？原來醒來碌落地下，撞腫了，哭到累，又再睡。」

「捱到現在，終於拉大七個仔女，一毫子都沒有剩。」伍嬸說來沒有自豪，一臉倦容。

伍家七個孩子，都僅僅唸完小學，在市區打工，做車房、燒焊。伍嬸說兒子出身，日子還是照過：「都是打工。我從來沒有開口問兒子要錢，你有，自然會給，沒有，開口都沒用。有些會回來看你，有些不，新抱好，兒子就好——還是女兒有『父母心』。」

伍嬸今年八十二歲，一起暫住的，只是其中一位兒子，他和太太兒子正等候搬去公屋，已經派到天水圍，嫌遠，在等上水粉嶺的單位。

兒子們也有遊說阿媽搬出市區，大家湊錢請工人。可是伍嬸不肯。一些人也許會很浪漫地掛在口邊：住了半世紀的家園……但伍嬸除了因為喜歡這鄉郊環境，更多是心裡的一盤數：「我唔『困』得，住市區樓又要交租，入老人院幾千元一個月，請一個人又幾千元，我還能動就不用啦。」

她剛剛跌倒，血壓高，又不時頭暈。田裡還種著薑、枸杞、茄子等，但都沒有怎麼打理。兒子寧願買菜給她吃。

「唔好咁老！唔好累人，累後生辛苦……」伍嬸喃喃自語：「天一黑……所有隔里鄰舍都已經搬走了……」

田裡最體面的，就是那一架子的葡萄，果實纍纍，可是酸的。

支援邊境老人

二十年前，新界北只有農墟，沒有商場。一場大水災，打鼓嶺邊境不少村子都水浸，住的多是拒絕搬出去的獨居老人，社署的一位主任聯絡了一班婦女義工，一起為長者清走泥漿，沒想到這些婦女，從此沒有放棄幫助這班長者。

她們組成「邊境長者網絡支援隊」，帶頭的徐姑娘自小在梅窩長大，也熟知鄉郊生活，她說支援隊什麼也會為長者做：陪看醫生、申請綜援、修屋、派米……並聯絡其他社會機構關心這班長者。訪問當日，徐姑娘便找來護士，免費替長者量血壓。

當造荔枝蜜

突然，拿著記事簿的手，一陣劇痛！

一隻蜜蜂癱倒在我手上，腹部拖著白色的內臟，末端那根針已經刺進皮膚裡。像是手指被切傷了，疼痛蔓延全身。一時反應不過來。

我到底做了什麼，蜜蜂要用死來教訓？

「可能你動作太快，又可能呼氣太大力，以為你要襲擊。」文師傅笑笑：「就當預防風濕啦。」

文師傅在錦田養蜜蜂已經三十多年，小山坡過百棵果樹，都是他親自種的，全是精心挑選的本地名產：石硤龍眼、桂味荔枝等。

近來荔枝紅了，荔枝蜜終於當造。

三四月荔枝樹滿頭都是黃色花穗，工蜂拚命把花蜜吸進胃裡——每生產一公斤蜂蜜，蜜蜂要採集超過一百萬朵花，飛行里數可以圍繞地球八個圈！

花蜜本身含有很多水分，容易變壞，蜜蜂把花蜜運到蜂巢，還會不斷吸入、回吐，並用翅膀扇風收乾水分，這才把蜜糖封在蜂巢裡。採蜂蜜的人，卻會趁蜂巢未封，隨即放進機器把蜜糖搖出來，這些蜜糖要放四十天以上，才會收乾，微微發酵，變成品質相對穩定，可以出售的蜂蜜。

文師傅的家，冷氣開得好猛，沙發桌子旁邊都是一個個藍色大桶。打開，香味撲鼻！每一桶，都是幾百公斤剛好成熟的蜜糖，沖出來的蜜糖水，好甜！

荔枝和龍眼是本地最大蜜源，其他花樹像烏柏也有花蜜，但會稍帶苦味，比不上荔枝龍眼的花蜜香甜。「荔枝蜜是最好的啦！」文師傅自豪地說。

大片荔枝樹下，幾十個蜂箱，每個出入口都有一群蜜蜂進進出出，只聽見嗡嗡嗡。每個木箱打開都有七塊木框，蜂巢超級整齊，大小劃一如工廠倒模，大自然真精細。文師傅指著說：「花粉、糖、仔，一格格分得好清楚。」他口中的「仔」是捲成一粒粒的幼蜂，不斷在巢裡蠕動。

每一個木箱還有一隻蜂后，文師傅還有秘訣專門培育蜂后出售，他特地打開一箱找蜂后給我看——就是這時，被針了。

好痛好痛，但又八卦想看蜂后，原來它個子才比其他工蜂大一點點，看了好久才發現。文師傅同時養了「中蜂」和「意蜂」，前者是原生的中國蜜蜂，個子小，但非常勤力，後者是由西方引入的意大利蜜蜂，個子大，能吸的花蜜也多，可是怕熱，只會在早晨和晚間出動，水土不服病痛也比本地蜂多。人類和蜜蜂，民族特性都幾似。

回到冷氣屋，塗了藥，不痛了。

不過十天後，才鼓起勇氣，把肉裡那根蜜蜂針，挑出來。

收蜜蜂

這次來蜂園，還有特別任務：朋友輝哥在大埔山邊發現了一窩野生的蜂，想養下來，於是去請教曾在嘉道理農場開班教養蜂的文師傅。

「嗱，用一個舊蜂巢，蜜蜂一聞到蠟味，就飛進去了，再噴少少糖水，馬上便進去。木箱空洞洞不行，有蠟有巢，有家就安定了。」文師傅說得真輕鬆。

輝哥帶著舊蜂巢和木箱，去到大埔山邊溪澗的一堆亂石，十幾隻蜜蜂在打轉。打開蜂箱，蜜蜂一點反應都無！

輝哥戴上連網的帽子，試圖挖出蜂后，找了好久都找不到；點報紙燒煙，仍然沒能把蜜蜂趕到箱子裡。一個多小時後，輝哥決定把木箱留過夜，可是翌日，蜜蜂仍然沒進去，後來更飛走了。

昔日香港農村人很多都會養蜂，一來增加農作物給昆蟲授粉的機會，二來賣蜂蜜、浸蜜蜂酒等也是一筆收入，不過如今僅剩極少數的本地養蜂人繼續有出產。

七月

July

「你拔掉野草，那我這個星期日做什麼？」黃太非常豪氣地，再送我一紮芥菜！

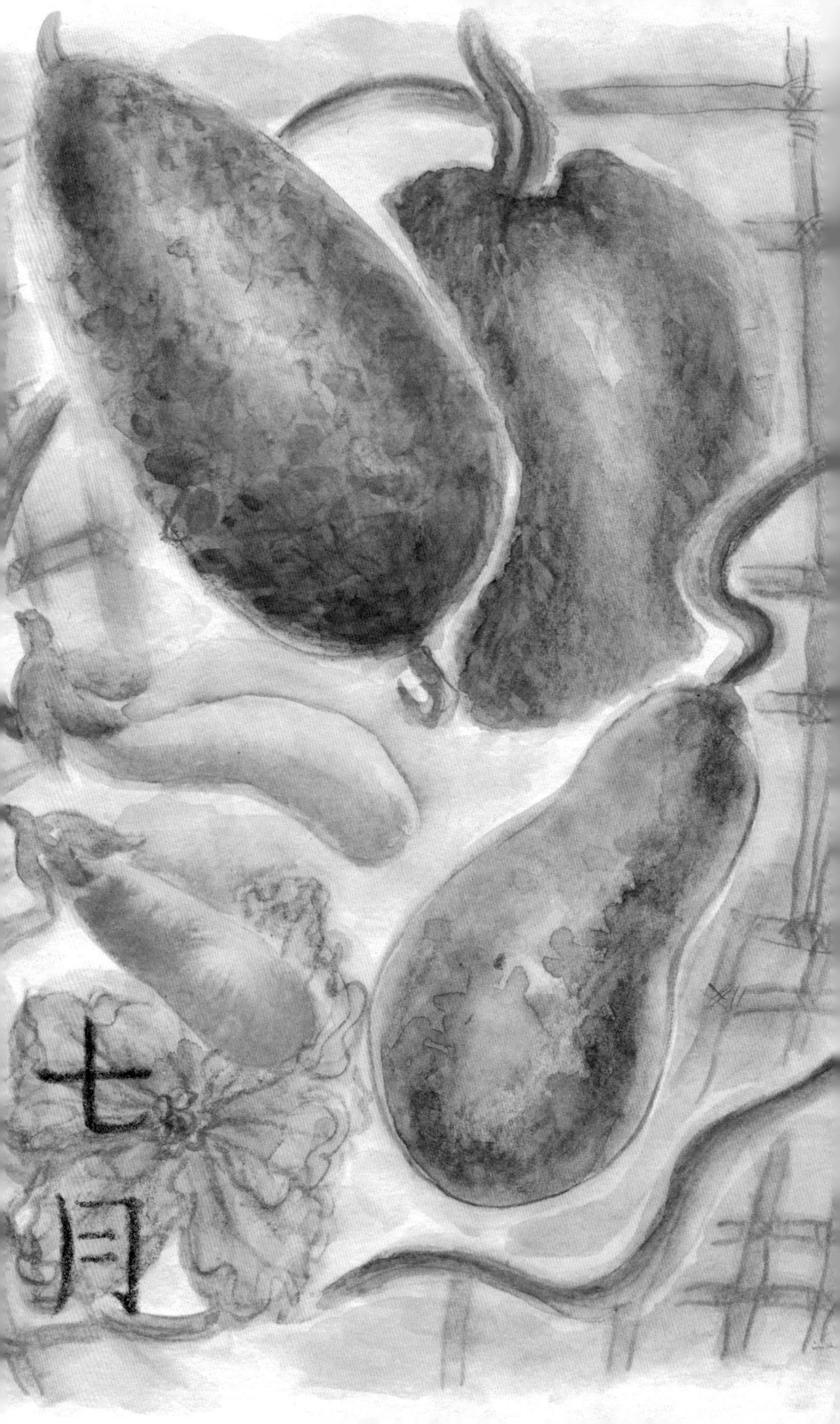
七月

冬瓜曬到燶

冬瓜耐放，放到冬天都唔會「瓜」。但原來，冬瓜是怕曬的。

「又話白皮瓜唔怕曬，結果曬到燶！」妹哥（小時候家裡怕養不大，乳名「阿妹」）一邊用報紙包，一邊喃喃自語。

地上一個冬瓜，一邊變了白色，開始變壞。區哥以前都是種青皮的冬瓜，今年才試種外皮有白色粉末的品種，因為每斤可以賣多五毫子。

幫忙包冬瓜的妹嫂突然說：「我唔玩啦！都唔好玩！」她轉身對著妹哥說：「這些都是你的工作。」

「你們兩人怎分工？」我好奇問。

「好簡單，我唔做的就是佢做！」妹嫂馬上答。

妹哥一邊包冬瓜，一邊無所謂地答：「要體力的，就是我做囉。」

拿報紙包冬瓜……

「多嘛，成塊田好多冬瓜。」妹哥語氣好平淡，但真體貼。

妹嫂笑說補充：「反正我鍾意做的，就做。」

鍾意做的是——「都唔鍾意做！」她答得好快！

妹哥說：「最好是在家裡看書……」「睡覺……」妹嫂接下去，太陽曬，都不及夫婦曬恩愛般曬。

妹哥老竇一早在粉嶺馬屎埔耕田，由路邊小小一塊田開始，愈耕愈多。「這就繼承父業？」我以為順理成章，妹哥卻搖頭：「當時那裡有這麼多地！我們都要出去打工！我十六歲就學打鐵，不過自己曳，唯有回來。」大哥開汽車，現在家裡只有妹哥一人種田。

妹嫂本來車衣服，剛剛嫁過來時，粉嶺還有山寨廠可以去開工，生孩子後，便留在家裡幫忙。

看過掛在牆上的結婚照：妹哥朱古力似的，妹嫂可是白雪雪。

「唏，初初懶醒，恃住自己樣子比實際年齡細，結果就曬傷皮膚，沒幾年就老晒！」她扮作生氣的樣子：「不是曬黑咁簡單，是衰老！」

「工廠妹耕田——」我本來想問如何適應，她一句便作結：「咁就衰咗！」

妹哥靜靜地包冬瓜，眼角都是笑意。

實情妹嫂好勤力，做完家務便下田，要煮飯才回家。我每次在田裡見到妹哥，都會見到妹嫂在旁邊。

耕田無同事，相對孤寂，妹哥除了裝上收音機，還自己拉線裝了幾個大喇叭，喇叭高高地頂在柱子上，收在防水發泡膠盒裡，無論在田裡哪個角落，都會聽到收音機。（工廠妹都愛聽收音機？）兩人只聽香港電台，早上聽一台，尤其喜歡《瘋Show快活人》，嘻嘻哈哈時間好快過；吃完午飯回到田裡，下午聽二台，留意時事新聞。

「以前這裡全部都給『澳門綠邨』霸住，無得揀㗎！」妹哥說。

澳門綠邨電台在一九五零年，由住在當地綠邨別墅的羅保博士創辦，播放的音樂由羅保組成的「綠邨管弦樂團」編寫和演奏，一九六七年卻給左派接管了，不斷向香港和澳門的聽眾播放毛語錄和革命歌曲，大力鼓吹「反英抗暴」。綠邨電台曾經停辦，如今主要播賽馬賽狗的消息。

冬瓜水

妹嫂煮的冬瓜水，是藥材舖買十元現成的「冬瓜水去濕湯包」，加上新鮮冬瓜煲成，她平時也會用冬瓜煲瘦肉，放不同的菇類。凡田裡有曬壞、果蠅叮傷的冬瓜，切去損爛部分，都會變成消暑妙品。

妹哥說小時媽媽還會醃冬瓜，但已經很久沒再嚐過。查資料，冬瓜先要用鹽醃，加重物壓，把水迫出來後，再放鹽和甜麵豉醬醃。還以為變成漬物是要令冬瓜保鮮，卻原來七八月盛產的冬瓜，放到冬天也不變壞，醬醃只是取其風味。

消暑老黃瓜

潘嬸開冰箱，拿出一碟酸瓜：「我們自己種、自己醃的老黃瓜。」好脆！

一直以為老黃瓜是老掉了的青瓜。

「不一樣的。」潘伯搖搖頭：「青瓜是青瓜，老黃瓜是老黃瓜，種子都不一樣。」

原來黃瓜、青瓜……外皮由淺黃到深綠色的，英文統統都是cucumber，屬於葫蘆科。所謂的「老黃瓜」通常在二三月下種，兩個月後長成的瓜已經頂著黃褐色的外皮，內裡比青瓜略為厚肉，可以摘下來吃。而六七月開始，熟透的老黃瓜正好用來煲湯消暑。

潘伯以前從來沒種過田，反而當過幾年兵，來香港後做過司機，一直住在九龍。退休後因為有親戚住在打鼓嶺，見租金便宜便搬進來。

「那時好多垃圾！好污糟！全部都是玻璃，我們慢慢清理掉。」潘嬸說。

四五年間，兩位長者把一片荒地收拾得整整齊齊：每一塊田畦都用木板圍好，中間有一條條水溝，然後再用木板做橋，使得四通八達。

吃到什麼好吃的瓜果，留一些做種；鄰居種了什麼好東西，也討一些枝幹來插枝；回鄉探親，更不忘搜羅特色農產品……潘家的田，農作物品種好多！

又極有心思地改良種植方法。

粉葛種在兩層的發泡膠盒裡，比種在地下更易打理，年初插枝，冒出葉子時輕輕扒開泥土，減少根部的球莖，一株最多兩顆，到年底，結出來的粉葛個頭像冬瓜一樣大，並且又粉又甜。隔籬鄰舍看了，都照辦煮碗。

絲瓜有時會變彎，潘家又想到用重物吊著。媳婦在公司拿來大頭針，潘嬸再用線綁著大頭釘和螺絲帽，插進絲瓜的底部，瓜棚一條條筆直的絲瓜，都吊著小鐵環！

還有南海來的「麵包木薯」、自己留種的魚翅瓜、甚受街坊歡迎的鮮嫩韭菜等。

最難得的，是地主很欣賞潘伯潘嬸的努力，說地方變得「企理」多了。

香港不少地主不願租出土地給人種田，除了寧願等收購，或者租給廢車場等取得較高利潤，還因為法例規定，如果找不到地主，農夫連續耕種十二年，便可以擁有土地。有父母把田租出了，子女卻不知道，父母過身後，一查才知道土地早給租戶「合法」擁有了。

另一些原居民曾經把地租給五六十年代湧到香港的新移民，人們先是搭棚放農具，慢慢建起房屋來，後來甚至轉賣牟利，地主很難才能收回土地。打鼓嶺便曾經發生子女無法收回父母的土地，諗計仔把房屋附近的田全部圍起來，迫得那屋的業主付款買地。比較少從地主的角度看，那麼多新界農地淪為荒野，原來還有這原因。

老黃瓜

西漢時張騫出使西域，把cucumber帶回中國，原名胡瓜。因為隋煬帝有一半胡人血統，朝廷和百姓於是改稱胡瓜為「白露黃瓜」。後來人們發現黃瓜還沒熟時，更脆更好吃，又培植出種種不同形狀的青瓜。

O-farm農場主人葉子盛說冬瓜是「主蔓」結果的，但老黃瓜卻不是，主藤要剪，長出四五枝「子蔓」，子蔓也不長瓜，再剪，這時長出來的「孫蔓」便會結果，一看見果實包起來，然後剪短蔓藤，把所有營養都留給老黃瓜，這就長得好。

青瓜一星期可能要摘幾次，相對老黃瓜可以慢慢收成，很多長者都愛種。

絲瓜報紙一樣長

佑哥的背包裡，總有一份免費報紙——這是他種絲瓜的秘訣。

「絲瓜開始長出來，就拿一份報紙這樣對摺，再在角落摺一下。」他拿起報紙示範，用釘書機一釘，便可以包著防果蠅：「等到絲瓜長到報紙的長度，就是最好時間摘下來！」

「我們試了好多次，絲瓜可以長到兩呎長！但老了就不好吃，剛剛和報紙一樣長，又甜又嫩！」佑哥的太太在旁邊笑著說。

不怕報紙擋住陽光嗎？

佑哥搖搖頭：「葉子曬到陽光才有用，瓜果都不必。另一個秘訣是可以任由絲瓜在地上生，讓它自然地爬上支架，因為枝幹貼著地，會長出很多根，吸收更多營養。」

這招用報紙防果蠅，其實不是所有瓜類都適合，像茄子，要曬足陽光，賣相和味道才會好。

點子多多的佑哥，三年前才開始在綠田園種菜，他的田，比別人都多心思。一般瓜棚竹架都是三角形，佑哥覺得瓜果長在中間，多蟲咬又沒地方長，於是特地走進鄉村地方偷師，搭了一個兩層的竹架，大大增加了收成。

最近他又嘗試把裝食物的塑膠桶切去底部，插在泥裡，打開蓋子便可以放入廚餘和枯葉等，慢慢變成肥料。

「我在做實驗啦！好處是不會惹蒼蠅。如果廚餘發臭，灑一把泥土便可以增加微生物幫助分解。蓋子還要鑽一個小洞，日間天熱時散氣，晚上涼了又可補充空氣。我覺得植物很聰明，根部會周圍生，桶底有肥料自然會爬進去，假如肥料還沒成熟，溫度高，會懂得避開……」每個步驟佑哥都想得非常仔細，實驗結果要過了這個夏天才曉得，但見太太喜孜孜地打開蓋子，把田間清理的雜草都放進去，打理得好好。

沒唸很多書，但會動腦筋，喜歡落手落腳……你猜對了，他就是那種自己間房、自己掃油漆、連電線也是自己拉，把小小公屋裝修得寬敞如私人樓——這種人類，香港曾經有許多，現在已經瀕臨絕種了。

退休前佑哥是巴士司機，有十六年負責教同事開巴士。原來司機開新路線前，要花一整天和佑哥這些導師試行，確保認得路，佑哥腦裡記住好多條路線！

前陣子巴士意外頻生，他認為巴士司機難辭其咎：「我開了四十年巴士，車長的態度很重要。我開車時不只看前面的車，還要看前面前面再前面的車，看到遠處有紅燈，面前的車還沒打燈，我已經開始收慢，就算對方急剎，我也不會受影響，後面的車早知道我減速，便不會撞上來。

開車最緊要安全，把乘客送到目的地，貪快但送不到目的地，有什麼用？」

佑哥沒機會唸書，做人處世都從報紙看回來，他尤其愛看副刊，其中一句說話一直放在心裡：「保重身體，是送給家人最好的禮物。」

所以退休後他便拉著太太去種田：「我當這裡是遊樂場，時時都玩到不捨得走！」第一年種青瓜，收成才三粒，不斷鑽研，第二年除了種出三十磅的大冬瓜，還摸出了種絲瓜的秘訣。他的田才一百多呎，收成都夠他和太太吃，幾乎都不用再買菜。

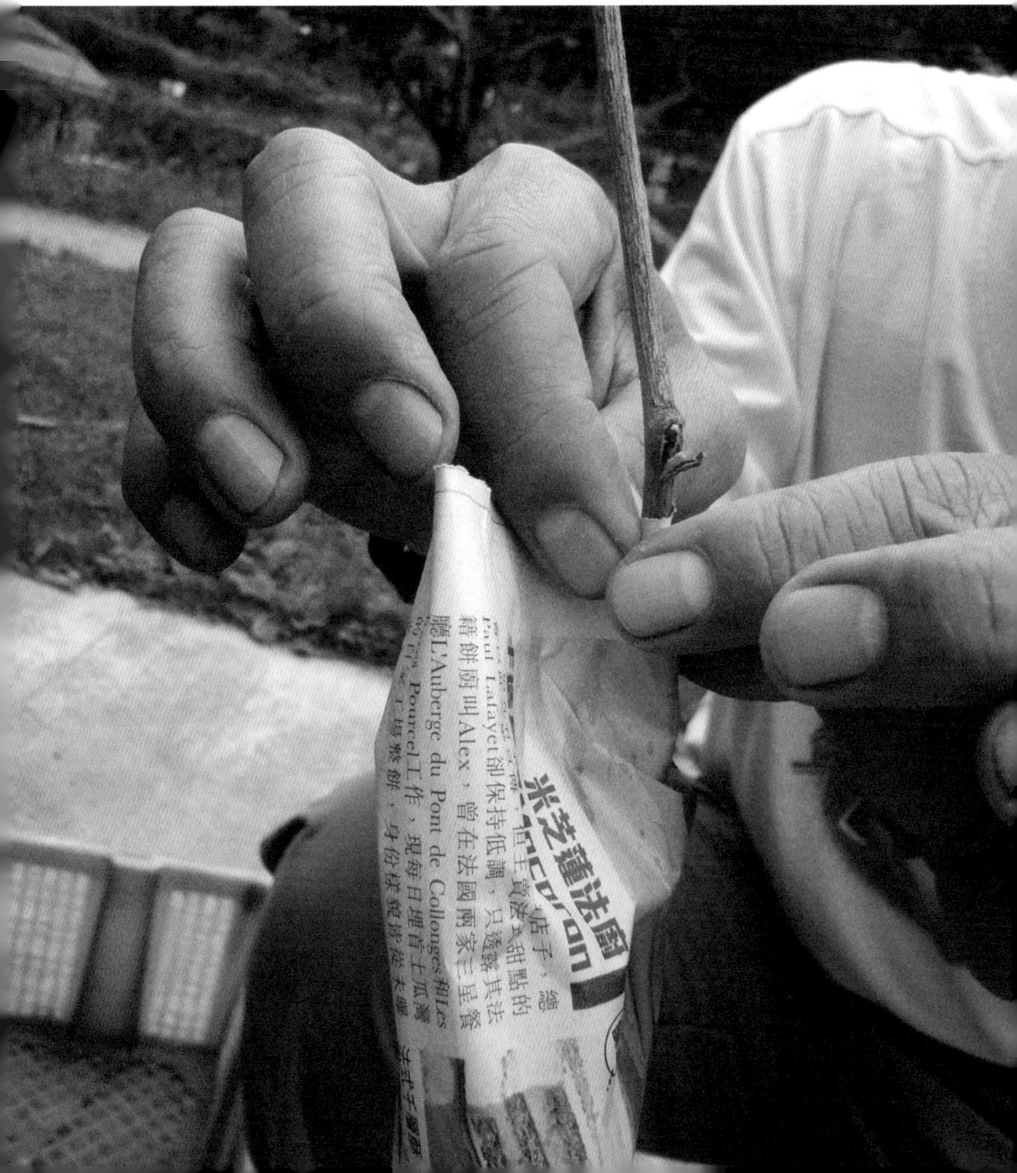
米芝蓮法國

勝瓜

廣東人什麼都敢吃，四隻腳的除了桌子，都可塞進肚子，然而話卻不可以亂說。絲瓜，一聽就「輸」了，由街市到茶餐廳都改叫「勝」瓜，平添一份霸氣。同樣道理，豬舌是「蝕」，豬「脷」就有利可圖；豬肝（乾）要叫豬潤，加了水氣便發財？好喜歡這種民間小聰明，彷彿唸多幾遍便會發達。

說回絲瓜，夏天要多吃，因為有利咽喉，清音解渴，用來煮、炒、蒸、放湯，都可口又有益，酒樓小炒有時以絲瓜加雲耳，稱為「雲勝」，贏到上天！

新潮白茄子

在綠田園，還遇到種白茄子的黃太。

「我當做運動，又可以呼吸新鮮空氣，好好享受種東西的過程。」黃太沒說完，黃先生便笑著插嘴：「有時也挺辛苦的，像打完風要整理。」「但自己一手種出來，還可以吃進肚子，好開心！」黃太連忙補充。

四年前黃太因為朋友介紹，拉著丈夫來綠田園種菜，大約二百多平方呎的土地，種了好多品種，一有收成便分給親戚，個個都讚她種的有機菜健康又好吃。兩人也真有心機，環顧四周，不少都有種白茄子，可是黃家茄子都細細包上紗布，避免果蠅侵害。

說起來，為什麼近年街市多了好些「白色」蔬果？

白玉苦瓜、白茄子、還依稀見過的雪白小圓球蘿蔔……「我不知道呢，反正有什麼菜苗就種什麼，反正自己種的，都好吃！」黃太高興地把白茄子摘下來。

原來「幕後黑手」，又是漁護署。

從前新界也有種白茄子，但人們喜歡紫茄子漂亮有光澤，慢慢就沒人種白茄子了。漁護署定期派人去本地農田考察，二千年意外發現一塊農地在種白茄子，種子帶回政府大龍實驗農場，很快便種出來，成功留種子分送給農夫，白茄子於是再次在新界田間出現。

二零零一年，漁護署又引進台灣白玉苦瓜的種子，曾經大受市民歡迎，農民當時種白玉苦瓜的利潤，可以比綠苦瓜高一倍。

零二年再接再厲，從日本引進可以生吃的「雪球蘿蔔」，即是日本有名的「聖護院大根」，然而香港人吃白蘿蔔，多是炆牛腩或是做糕，始終鍾情傳統長長胖胖的品種，因此味道較淡的「雪球蘿蔔」，沒多久便從街市消失了。

離開綠田園時，手上多了兩條白茄子，黃太硬要送給我。

「農夫」真慷慨，打工仔怎可能隨處派人工？但種田的一有收成，都會大方分享。我不好意思：「不如幫你除草啦！」

「你拔掉野草，那我這個星期日做什麼？」黃太非常豪氣地，再送我一紮芥菜！

白茄子

白茄子日漸受歡迎，也與「五色食物」理論有關。

每一種顏色的食物，都有不同的營養價值，例如紅色食物有茄紅素，黃色食物有胡蘿蔔素，吃不同顏色的食物，便可得到不同的營養。中醫更講求「五色五味」：在春、初夏、長夏、秋、冬五個時段，分別進吃代表五行的綠、紅、黃、白、黑色食物，便可相應滋補肝、心、脾、肺、腎。

比較紫茄子和白茄子，各有營養特色：紫茄子含豐富的維生素P，一百克茄子可含高達七百二十毫克以上，比一般蔬菜多許多；而白茄子則特別有助心血管，可以降血脂和血壓。

八月
August

急什麼呢？夏天總會過去，雨總會停，秋天來時天高氣清。不用著急，不能著急。而八月七日，終於立秋。

八月

剖開是花海

蓮葉一巴掌打過來，莖幹乘勢亮出刺棘——

可是小船硬是闖進來了，長桿用力一撐，船頭又再向前進，花葉幹莖折斷，讓開，後面的不忿又再擠上來，噼里啪啦，非常吵耳。

回頭看，蓮塘給破開一條水路，而我身後的衣服，斑斑駁駁全是濺起的污泥。從沒想過，採蓮子竟然如此暴烈！

食物從哪裡來？小孩清脆聲音答：超級市場！都不是笑話了，月餅哪裡來？餅店！之前呢？餅廠！再推前，也就是模模糊糊一些麵粉一堆蓮蓉。

撥開蓮葉，天空清藍一朵雲也沒有，想像之前翠綠山巒擁著花海，突然發現月餅裡的，是這樣漂亮的風景。

就是這裡的蓮子供應給灣仔「土作坊」，由婦女們製作出本港唯一的本地產有機月餅。

「種蓮花簡直沒技術可言！靠著魚塘的魚肥，不用施肥又沒蟲害，自然就生成密密麻麻。」農夫TV一邊伸手摘蓮蓬，一邊說。

兩年前他在南涌這個棄置了的魚塘，放下二十盆蓮花，變魔術一樣，整個池塘很快長滿了。風一吹，成千上萬的蓮花搖搖擺擺。花開，花落，一個月便長出飽滿青嫩的蓮蓬，最早六月便可開始採蓮子，一直收到九月。

蓮子容易長，採摘過程比想像中「輕舟搖曳」辛苦，然而真正費工夫的，是處理過程，見識過「土作坊」剝蓮子的場面：十多名婦人圍著坐，手裡拿著小刀做不停，剝皮，去掉蓮芯，一個小時，收集不到一斤蓮子。

而做四百個迷你月餅，需要至少一千個蓮蓬。

盛夏，雷雨打得一池殘荷，蓮蓬枯了，內裡的蓮子黑亮亮的，這時收採的蓮子，曬乾後能夠放上四五年，只是外殼好硬，靠人手剝，難度更高。

內地都靠人手剝蓮子，TV 問了很多人才查到福建有人發明了一部機械可以代勞，可是賣光了，訂了貨也不知道明年有沒有。如果這部土產發明真能運作，那時就可能出產更多有機蓮蓉，甚至有機乾蓮子。

「香港食物加工無法配合，有機農業的發展因此受到局限。我們這種小農夫，連食物加工也得兼顧，不斷撞板、不斷交學費。」TV 的態度卻很輕鬆，笑著說：「可是呢，遇到的事情也很有趣，感受深刻好多。」

小船終於撐到池塘邊，這裡突然靜靜躺著一片黃色的睡蓮。

原來那二十盆蓮花，不知怎地摻了一盆睡蓮，也在角落長起來。一條大生魚帶著一群小魚游過，水面泛起好多泡泡，陽光下一閃一散，星星似的。

真正蓮蓉月餅

一直以為蓮蓉用紅糖煮，白蓮蓉則用白糖，原來蓮子去皮，果肉上還有一層透明的薄膜，就是這層薄膜接觸到空氣會氧化成紅色，蓮蓉才變成啡啡紅紅。

白蓮蓉或乾蓮子的白雪雪，普遍都是靠化學物質：先泡在低亞硫酸鈉漂白，再用熒光劑增色。婦女要煮出有機白蓮蓉，就得趁蓮子剝掉外皮，一個小時內薄膜還沒有氧化，馬上把蓮子煮熟，壓成蓮蓉，加糖加油炒香，這才能保留天然白色。

盛夏荷塘

荷塘太美，農夫採蓮子，一班朋友也約好來南涌寫生，還找了老師來教。

連續下了幾天大雨，終於放晴，荷塘邊蓋了一個遮暗棚，一坐下，就不願意起來。藍天白雲，山，樹，荷葉，全是深深淺淺不同的綠，水面夾雜點點粉紅，好不容易才能把貪心的眼睛閉起來，靜聽小鳥唱歌。大家跟著老師一筆一筆畫荷花，都是初學的，十年沒拿過一次毛筆，笨拙如小孩，也就快樂如小孩。渴了，從旁邊的檸檬樹摘檸檬，泡檸檬水；累了，大吃剛摘下來的番石榴。

到底荷花和蓮花是否一樣？

「植物專家說是同名。」老師想了想，答：「不過葉子躺在水面的，一般叫睡蓮，葉子長得高的，便是荷花，名字也是習慣問題，叫『蓮子』、『荷葉』，較少說『蓮葉』，更沒聽過『荷子』。」

風一吹，葉子就跳舞，荷花也笑得東歪西倒。

心想，若果是人類設計荷花，怕且不會這樣「浪費」：可會是西瓜咁大的蓮蓬，成百粒蓮子，然後花瓣變得好小、顏色暗淡？速度要快、效率要高、成本效益一定要計到最盡，荷花瓣只能入藥，售價比蓮子低多了，別浪費養份吧！再說下去，荷葉賣不到好價錢，變細亦無妨；蓮子的外殼多礙事，最好也消失……

正慶幸荷花逃得過，上網卻看到內地居然有「太空蓮」！

根據中國百香果網，太空蓮是國家「863高科技成果研究專案」：一九九四年七月三日，經過精心挑選的四百四十二粒「廣昌白蓮」種子，搭上了中國「長征二號」科學實驗返回式衛星，環繞地球二百三十八圈後返回地面。經過太空「誘變育種」，蓮的藕、花、葉、蓬、籽粒都產生了廣譜變異——蓮子採收期比常規品種長三四十天；蓮蓬的結子率超過九成、產量高、花色亮、花期長。

相片裡的蓮蓬，比人頭還大。

荷葉

《本草綱目》記錄，荷花到蓮藕都可以入藥，香港人除了吃蓮子，比較多接觸的是荷葉，可以蒸荷葉飯、煮冬瓜水。

新界以前有人專賣荷葉，香港的食肆和街市都會收本地的荷葉，但農業式微，本地收成不穩定，內地和泰國的平價荷葉馬上銷進來，本地荷葉從此失掉市場，南涌荷葉也沒法打開銷路。

內地一些荷葉會經硫磺燻過，所以經過運輸仍能保持顏色亮麗，這硫磺滲進食物是有毒的，可是本地新鮮無添加的荷葉，卻無人問津。

農地要有水

葉子盛的農場好不熱鬧，幾個小水池不但長了荷花和浮蓮，魚、蝦、蟹，蝾螈，青蛙，田雞，甚至連池鷺、白鷺、白面雞都有。

很少農夫會這樣花心思。子盛想法不一樣：「水會帶來養份，還是沖走農作物，關鍵是設計。」

他走到農場邊，仔細指著水溝解釋：

農場上游有個小水壩，水溝會把水帶進來，開一個水潭，讓水流慢下來，就會留下黑泥，定期把黑泥挖上田，那地就肥沃了。接著水再流到荷花池，水管要設計成高低落差，一級級地，因為如果水管設在水底，沉積物便會被水沖走，水由池面流過，荷花池才會累積塘泥，又可以用來施肥，有水便多昆蟲，幫助農作物授粉。

然後，池裡還要有凹凸的位置，讓魚仔蝦仔都能躲起來，不然便會給雀鳥捉光！

還有，水溝平時引水入來，但暴雨時馬上要閘住，水溝乾了變成排水渠。下大雨時，大水會沿著山，沖進農場，這條排水渠便可以把水排出去，幫手去水。

子盛是靠著永續栽培（Permaculture）的理論，花了幾個月時間設計農場，十年來再不斷改善。

那小水壩和水溝原先是民政事務署的前身——理民府做的。六十年代理民府負責新界事務，包括協助農民灌溉，於是請了很多英國的地形專家來香港。

「那些水道，設計好堅！」子盛小時在打鼓嶺坪洋長大，已經非常喜歡去看村中的水道設計，開農場後，他還特地多次去研究鹿頸：「以前鹿頸有一個四線分水池，是香港好少見的，位於現在的尤德亭附近。它先用渠道收集八仙嶺北坡橫山腳和七木橋村的山水，引去一個小山丘。再用水泥建一個四線分水池，一面入水，三面可以流出去，分別去鹿頸及南涌不同的田地。另一邊又有水閘及不同的引水渠道，可以一級級流下去，如果重新修復，可以起梯田，有長期的流水灌溉，是好勁的設計！」

昔日香港農地的灌溉方法主要有兩種，除了在上游建水壩，經引水道由高至低經過不同的田地，另一種就是把河水抽上來，有些農場還會挖儲水池，把山水或河水儲起備用。基本上，新界農地四面八方的灌溉系統，在六十年代都已經建設完備。

然而，只要一列丁屋不顧大局，就會損壞整個系統。為免自己水浸，首先硬是填土把地基建高，旁邊的村屋馬上處於低地，並且同時阻礙了河道。再加上三合土地面，泥土原本的吸水功能大大減弱了，一下大雨，水無法滲入土地，也沒法流入河道，很容易便水浸。加上農地荒廢，乏人耕種，以前的水利工程沒有農夫跟進維護，也一起荒廢了。

接著政府浩浩蕩蕩地「整治」河道，理民府已成為過去，渠務署只顧工程。原本一條小河，大家可以捉魚、游泳……挖土機卻粗暴地把天然的彎彎曲曲拉直，像粉嶺梧桐河，五呎深的小河掘成十五呎深、十呎寬變五十呎闊，打造成一條大水渠。

這條大水渠，沒有農地和細小支流去疏浚水流，讓大地吸納，只是機械地設計一些去水位，集中排洪。從此，「河」變成「渠」，而「渠」只得「水」，失去生態價值，也失落了鄉村回憶，原本一起生活的夥計，淪為功能單一的「水龍頭」。

整治過的河道，只是「防洪渠」——沒有石頭，容不下蟲草魚蝦，整個自然生態平衡都受影響。人們只能從石屎天橋經過，甚至有宣傳片，恐嚇「擅闖」河道的人，會被突發山洪暴雨沖走！

「渠邊」村落是不再受水浸之苦，然而亦隨即被地產商看中，興建「河畔」低密度住宅，再也容不下農地了。

水文

這一年才開始採訪農業，很多字都是第一次聽，例如「水文」，指的是天然的水系統，比方幾千條溪澗匯集成江流，再分支形成不同的河流。文，原來不是指我本來想當然的「文」化，而是與「紋」相通，因為古時只有「文」字。

水利，就是人工鑿建設計，利用水的系統灌溉、發電等等。

當一般人只聞「水利」，不知「水文」，人與自然的關係，可見一斑。

終於立秋

每個人都會問：子山你的田怎麼了？老是水浸，不如種西洋菜？種過了，長得好地地，突然一晚之間給蟲咬光了葉子。

那不如種水稻？地方那麼大，抑或種果樹？不如……每個人來到，都會不斷提意見。急什麼呢？夏天總會過去，雨總會停，秋天來時天高氣清。不用著急，不能著急。子山心裡想。

而八月七日，終於立秋。

若有時光機回到二零零六年，子山也就是無數冷氣大廈裡的一個小白領，商科畢業後專門為有錢人辦活動，例如天價松露宴。一切都教她厭惡：最壞的老細、眼睛長在額頭的有錢人、不當人是人的人……豪華活動明明都是幻象，人們偏偏趨之若鶩……心裡浮燥只想逃走。

想起小學時，讀過 primary industry 可以「自給自足」——木匠需要技能、漁夫要有專長，她隨手在互聯網輸入「農夫」二字。

命運馬上開門：電腦熒光幕亮出坪洲聘請農夫。

爬上坪洲唯一的一座山，三千呎田地，旁邊一間老房子，聘請農夫的志願機構卻突然改口，問子山要否把農場頂下來？

All or nothing.

忐忑，忐忑，子山一咬牙，頂下來，從此離開城市住進山裡。

「很記得初初種田，有一天，好曬！好累！但突然一陣風，怎說呢？整個人都和大地連在一起，我感覺，自己存在。」她說，大眼睛骨碌碌的。

耕田，馬上知道什麼是累、什麼是餓，撐不了，便休息。可是辦公室永遠不冷不熱不曬不暗，人人拚命趕死線，再撐不住，都要撐住，寧願灌雞精。

子山形容剛開始「成個傻仔」，不斷碰壁，但卻從來沒有沮喪：「天嗰，你嬲什麼？天要下雨、要曬到爆，都沒辦法，能生氣什麼？好老土，但你會隨遇而安。」當日天氣酷熱，田裡積滿水，農作物若不曬死，便是浸死，只見她氣定神閒拿著耙子，把水溝裡的野草扒到田畦，保護土地免受日曬，也任其腐化成為養份。

慢慢等。八月七日立秋，夏天過去，開始步向秋冬，可以開始下種。

子山快樂地舉高手：「我是紅蘿蔔之王！」過了夏天，土地不再水淹，種出來的紅蘿蔔又大又漂亮；過了夏天，她在愉景灣的客戶也放假回來，恢復訂菜，大家都好喜歡用紅蘿蔔榨汁，還有她種的紅菜頭、蘆筍等等。

「每一塊田都不一樣，沒有三五七年，都不會摸得透。」子山輕鬆地往椅背一靠：「這片土地，對於我，天堂一樣。」

她身後斑駁的牆上，貼著「唔覺意種菜」的下聯，上聯「自自然然耕田」已經捲起一半，而橫額「傻更更」，一早「頂不住」，丟了。

節氣

對城裡人來說，八月七日還是頂著大太陽，根本不會聯想到秋天，我也是訪問後才恍然發現：氣節原來是跟著太陽轉，即是和西曆只差一兩天，所以每年冬至，不是十二月二十一日，便是二十二日。

「種田無定例，全憑著節氣」，對種田人，節氣決定何時施肥、何時耕地、何時收割。「立秋」過後，夏天的農作物陸續收成，但天氣仍然會熱，要過了八月二十三日的「處暑」，夏天的暑氣才會終止。而九月九日「白露」降臨，水氣在夜裡凝結為白色的露水，這時天氣終於涼了。

附錄

當造最美

八月去大排檔吃飯，伙記走過來問：「要吃什麼『時菜』：菜心、芥蘭、生菜？」職業病發作，一時衝口而出：「都不是『時菜』啊！」

對方好愕然，我解釋：「夏天當造的時菜是通菜、莧菜……」

「有通菜！」「好的！」大家都鬆一口氣。

如今一年四季都吃到各式各樣的蔬菜，但用大量農藥化肥催谷，或者耗費能源老遠運來的，都比不上當造的本地農產。眼見種子發芽、長大、開花、再結果，在最成熟的時候摘下來，簡直是蔬菜最美的一刻。

而且知道了每樣蔬菜都「有時」，心裡更珍惜。

附表是本地農產的當造時間表，除了參考綠田園基金會的網上資料、嘉道理農場出版的《樂活在家》，還問過馬振興種子店老闆輝哥、「有機攜手」賣菜計劃的輝哥，最後由農夫葉子盛校正。

會問這麼多人，因為各方的資料都有出入。除了受香港天氣愈來愈熱影響，還有對當造不同的理解：種得出就是當造嗎？搭雨棚、起網屋、開抽氣扇……有錢不反對用基建便可以延長種植期。還是要最好味道？但什麼才算有「菜味」？

我還是選擇由農夫話事——不用太勉強，順著天氣可以種得出來，這時候吃的味道也是很好的，便是當造。

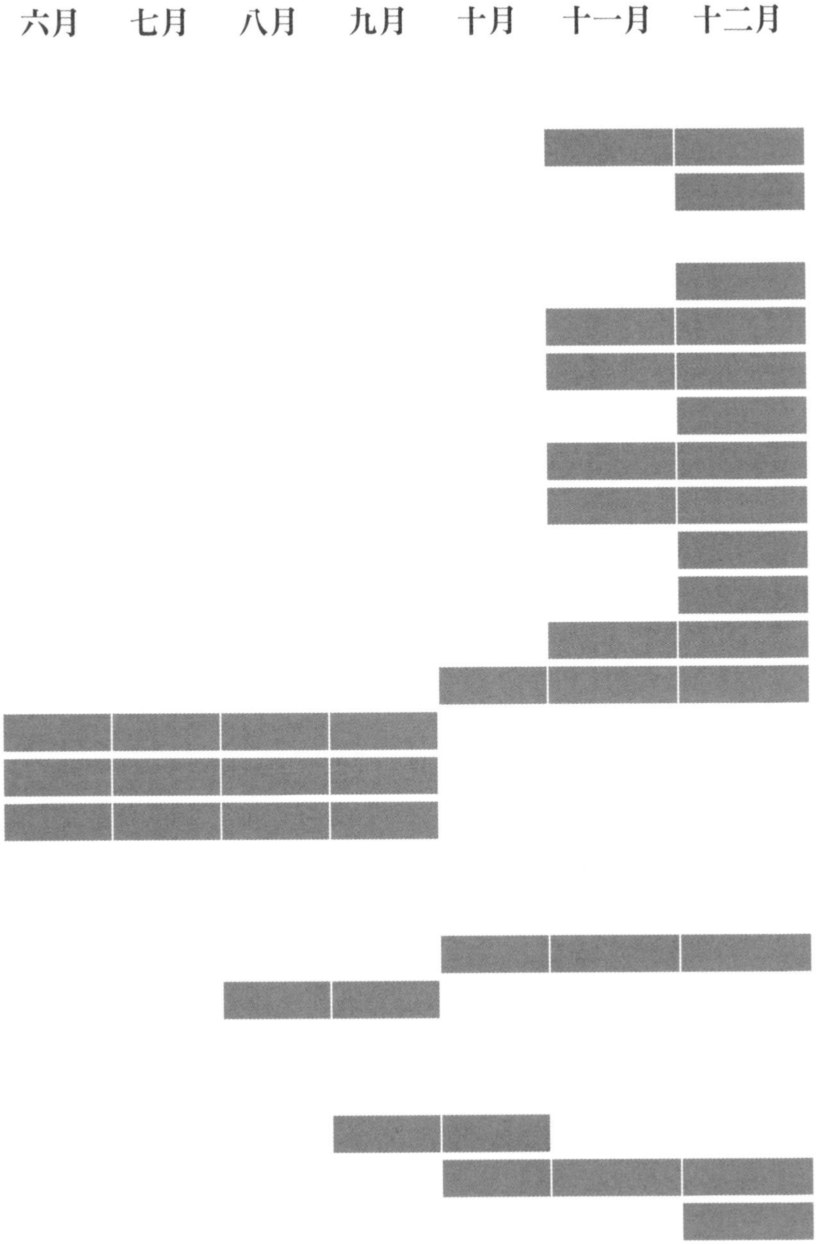
六月
七月
八月
九月
十月
十一月
十二月

	一月	二月	三月	四月	五月
葉菜類					
芥蘭頭	■	■			
菠菜	■	■			
西芹	■	■			
唐芹	■	■			
枸杞	■	■	■		
塘蒿	■	■			
豆苗	■	■			
西蘭花	■	■			
椰菜	■	■			
紅椰菜	■	■			
西洋菜	■	■	■		
黃牙白	■	■			
油麥菜	■	■	■	■	
莧菜				■	■
通菜			■	■	■
潺菜				■	■

白菜	一月	二月	三月	四月	五月
江門白 / 鶴藪白	■	■			
黑葉 / 水口白					

菜心	一月	二月	三月	四月	五月
40日 / 四九仔					
60日					
80日	■	■			

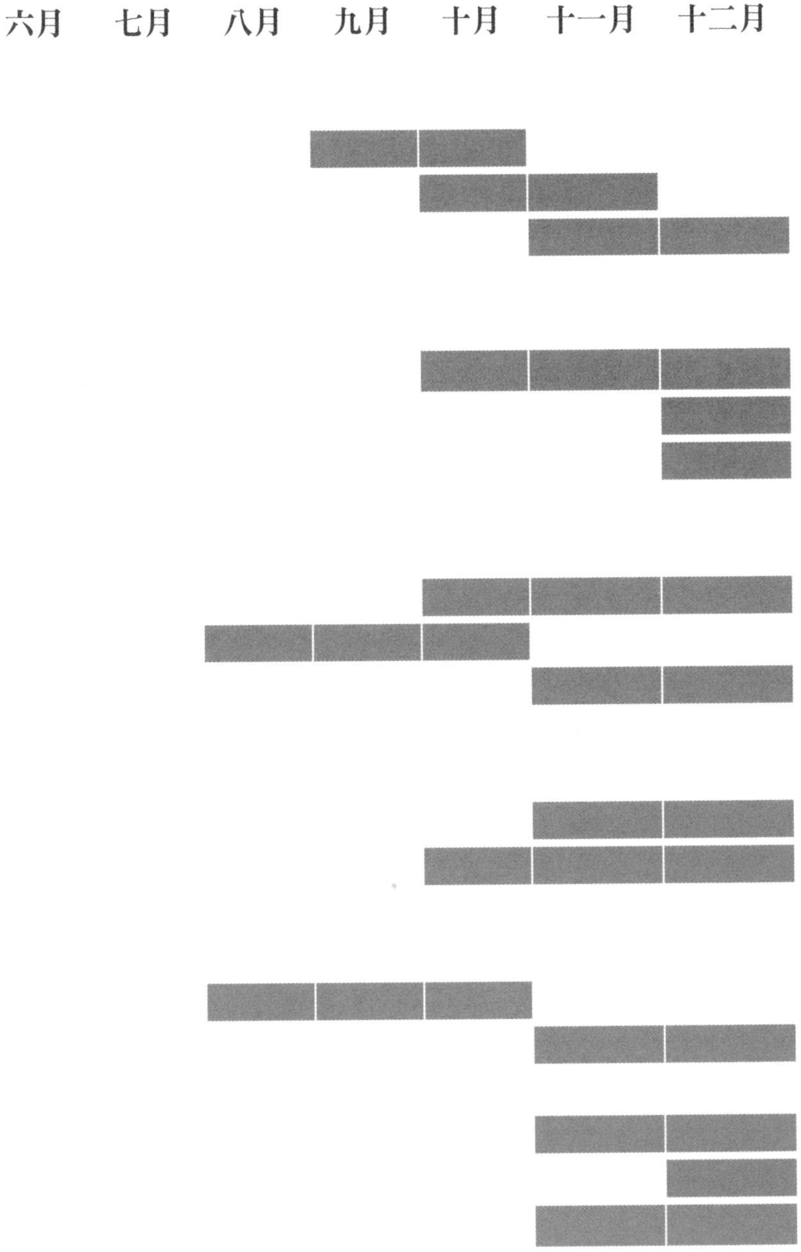
六月
七月
八月
九月
十月
十一月
十二月

	一月	二月	三月	四月	五月
芥蘭					
早花					
中花					
遲花	■	■			
生菜					
意大利生菜	■	■	■	■	
羅馬生菜	■	■			
西生菜	■	■			
芥菜					
包心芥菜	■	■			
南風芥菜					
客家芥菜	■	■			
根菜類					
紅蘿蔔	■	■	■	■	
青蘿蔔	■	■			
白蘿蔔					
早水					
遲水	■	■			
薑	■	■			
薯仔/馬鈴薯	■	■	■	■	■
芋頭	■	■			

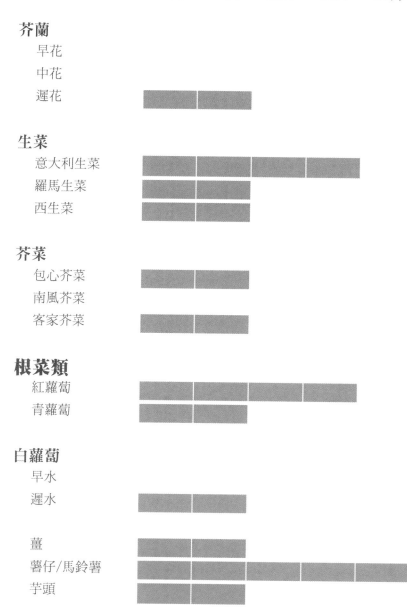

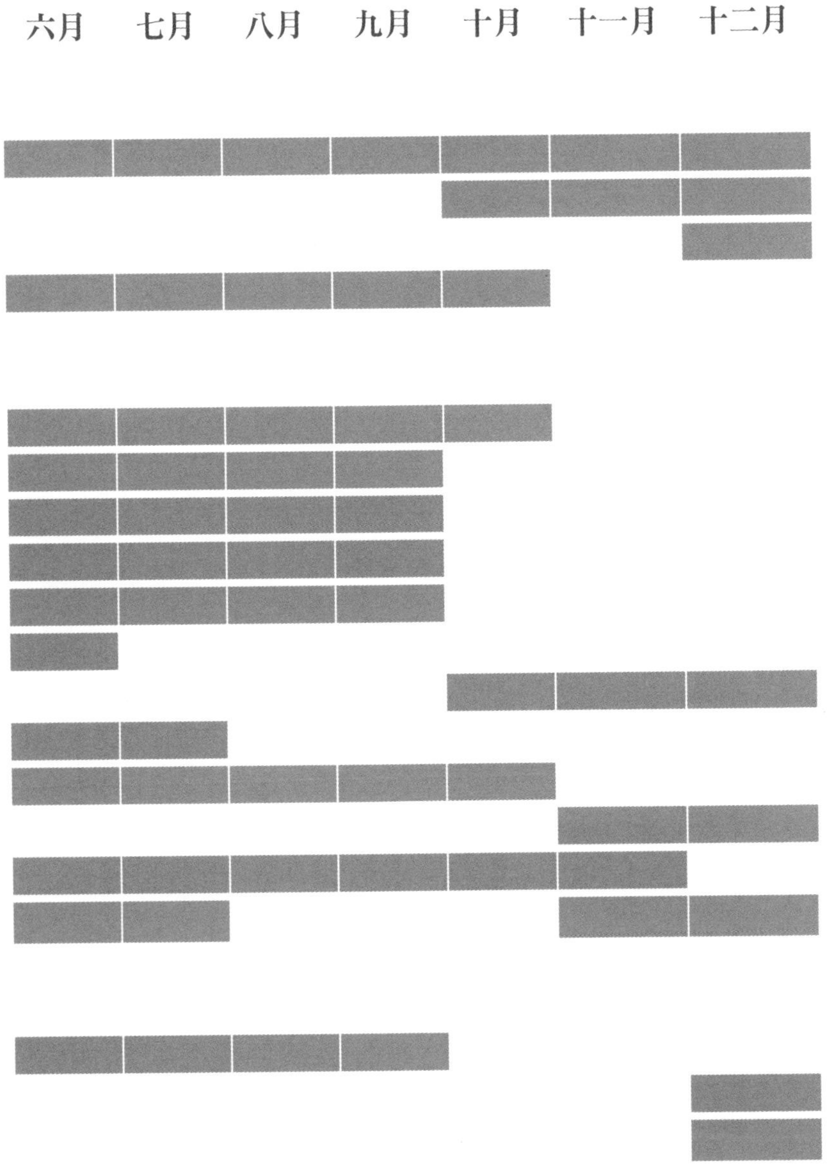
六月
七月
八月
九月
十月
十一月
十二月

	一月	二月	三月	四月	五月
茄果類					
辣椒	■	■	■	■	■
甜椒	■	■	■	■	
番茄	■	■	■	■	
茄子				■	■
瓜類					
青瓜				■	■
絲瓜					■
節瓜					■
冬瓜					■
苦瓜					■
白瓜				■	■
翠玉瓜	■	■	■		
葫蘆瓜					■
黃瓜					■
日本南瓜	■	■	■		
中國番瓜					■
佛手瓜	■			■	■
豆類					
青／白豆角				■	■
蜜糖豆	■	■			
荷蘭豆	■	■			

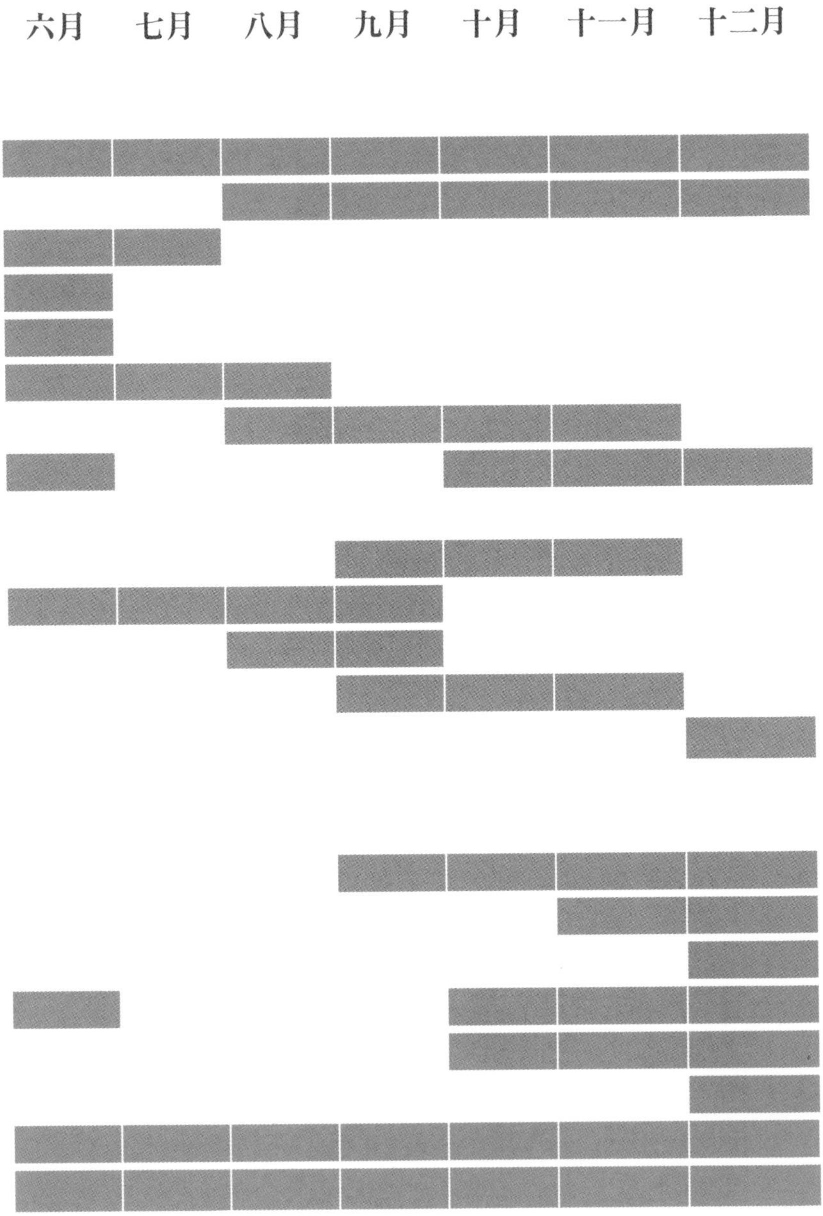
六月
七月
八月
九月
十月
十一月
十二月

	一月	二月	三月	四月	五月
水果類					
香蕉					■
木瓜					
龍眼					
荔枝					■
黃皮					■
菠蘿					
大樹菠蘿			■	■	■
熱情果	■				■
桑子			■	■	
楊桃			■	■	
番石榴					
檸檬	■	■			
碌柚					
桔	■	■	■		
香草類					
Chives	■	■	■		
芫茜	■	■			
番茜	■	■			
羅勒	■	■	■	■	■
迷迭香	■	■	■	■	■
茴香	■	■	■		
香茅	■	■	■	■	■
薄荷	■	■	■	■	■

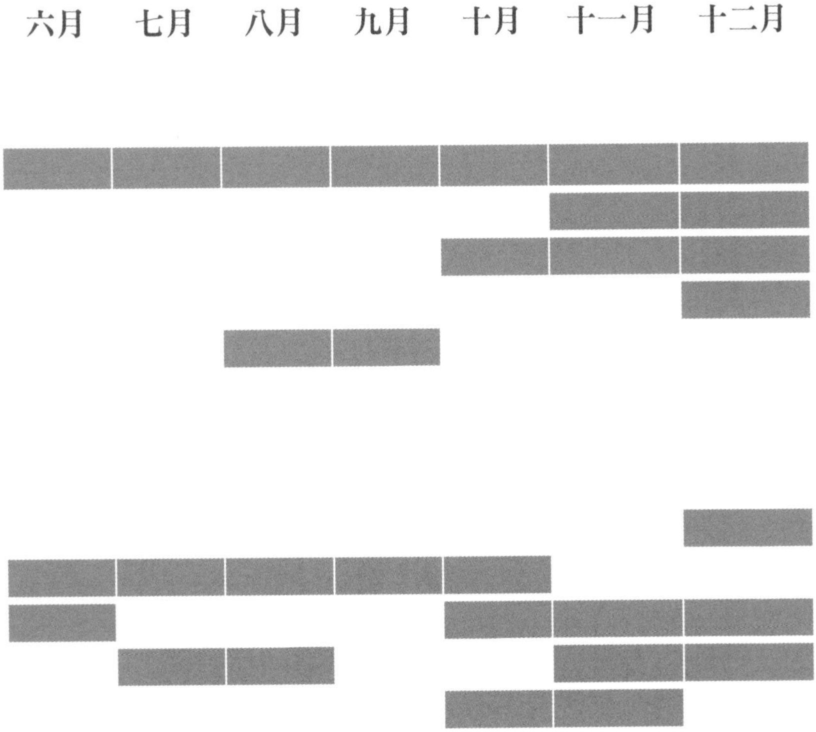
六月
七月
八月
九月
十月
十一月
十二月

	一月	二月	三月	四月	五月
蔥蒜類					
四季白蔥	■	■	■	■	■
紅蔥	■	■			
韭菜	■	■	■	■	
大蒜	■	■	■		
蒜頭					
洋蔥			■	■	■
其他					
蘆筍	■	■	■	■	
秋葵					
粟米	■	■			■
稻米					
洛神花					

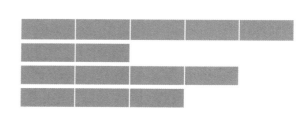

本地菜銷售網絡

聖雅各福群會土作坊　電話：2116 1106

「集體購買本地有機菜」計劃將生產者、消費者聯結起來，共同推動本地有機農產品，並且運用時分券發展社區經濟。訂購：逢星期一、四訂購，二天前截單，鼓勵以「一籃子@不時不食」預訂斤數，預訂十斤或以上安排免費運送，偏遠地區另收五十元運輸費。剩餘菜量於「土作坊」（灣仔堅尼地街三A地下）發售。

自在生活　電話：2638 4777

支持本土有機生產及加工的社會企業，照顧消費者健康、關心生產者生計、維護大自然的生態平衡。可於網上訂購，每星期送貨一次。

新生農社　電話：2368 3637 / 2327 4931

新生精神康復會開設的連鎖店，售賣由新生農場出產和供應的有機蔬菜，自設工場生產及包裝的優質有機食品，為康復者開創訓練及就業機會。可網上訂購，門市包括屯門、大圍、南昌及尖東的港鐵車站、愉景灣。

匡智會　電話：2664 3620

匡智會服務智障人士，在大埔有農場，讓智障學員學習種植有機蔬菜。銷售方法包括：送菜服務（同一地點，最少十家訂戶）、太和農墟、大埔醫院群芳軒，逢周一至五早上可自行到農場（大埔南坑匡智松嶺村村口）購買。

L.O.V.E. 本地開心有機蔬菜速遞　電話：2336 2956

由「伙伴倡自強」計劃撥款，是香港復康聯盟所營運的社會企業項目之一，並與香港有機生活發展基金合作，提供每月訂購上門送貨服務。

有機會 電話：2840 0500

天主教勞工牧民中心創立，訂購有機食品包括：蔬菜、豆漿、綠豆、蔬菜拉麵、麵包，以及由世界自然基金會與養魚戶合作的「綠魚兒」。可上門送貨，自取地點包括：上水石湖墟新豐路八十七號三樓、中環砵典乍街二十八至三十號金明樓二樓、柴灣柴灣道二百號天主教海星堂地下底層。

活德好共同購買小組

由支持本土農業、本地生產的婦女組成，逢星期二中午於太和職工盟培訓中心內分發本地出產的有機食品。每月並舉辦一次「用德好」二手墟。

地址：大埔太和邨翠和樓地下

大埔共同購買小組 電話：8202 2166

由嘉道理農場暨植物園支持成立，仁愛堂賽馬會田家炳綜合青少年服務中心協辦，獨立運作自負盈虧的義工組織，希望建立沒有中間人、直接和透明的買賣關係，讓生產者取得合理回報。逢星期四接收預訂。

地址：大埔運頭塘邨鄰里社區中心地下活動室

屯門仁愛堂綠家居 電話：2655 7567

為屯門區弱勢社群提供就業及改善生計的機會，售賣新鮮有機蔬菜、有機食品、環保產品及有機禮物包，並提供家居和辦公室環保清潔服務。

地址：屯門新墟仁愛堂社區及室內體育中心地下

綠正社沙田共同購買小組　電話：6736 1217

透過共同購買，推動本土有機生產、本土消費，建立社區互惠關係，逢星期一中午暫借沙田居民協會顯徑會址分菜。

地址：顯徑邨顯慶樓地下B翼

香港聖公會麥理浩夫人中心勵志園　電話：2492 9909

組織荃灣區內對農耕有興趣的基層人士，在老圍村開墾由居民借出的農地，學習有機耕種，收成會交往機構位於荃灣西鐵站（近A2出口）的健樂坊售賣。

中環天星農墟　電話：2488 0602

逢星期日上午十一時至下午五時

電話：2483 7120 逢星期三中午十二時至下午六時

大埔農墟　電話：238 74176

逢星期日上午九時至下午五時

地址：大埔太和路

鄉郊長者自耕天光墟計劃

大埔民政事務署與大埔鄉事委員會讓已登記的長者，每天早上六時至九時擺賣自耕農產品。

地址：大埔鄉事會街一號近寶鄉街

屯門農墟

電話：2387 4176

逢星期六上午十時至下午四時

地址：屯門青山公路2號十字路會

西貢社區樂活天地市集

電話：2792 1762

逢星期六及日上午十時至下午六時

地址：西貢海濱

嘉道理農墟

電話：2483 7200

每月首個星期日上午九時半至下午五時

地址：大埔嘉道理農場

二十四氣節

立春	4/2 或 5/2	春天來了，一些農夫開始在溫室等地方培苗。
雨水	19/2 或 20/2	濕度及氣溫開始上升。
驚蟄	5/3 或 6/3	春雷作響，冬眠動物醒了，農夫開始下種。
春分	20/3 或 21/3	第一個晝夜均等的日子，春耕工作全面展開。
清明	4/4 或 5/4	雨紛紛，正好滋潤萬物。
穀雨	10/4 或 21/4	雨生百穀，農作物長得正好。
立夏	5/5 或 6/5	夏天來了，要開始預防水浸。
小滿	21/5 或 22/5	穀粒逐漸飽滿。
芒種	5/6 或 6/6	穀物成熟。
夏至	21/6 或 22/6	日照最長的一天。
小暑	7/7 或 8/7	非常炎熱。
大暑	23/7 或 24/7	超級炎熱。

立秋	7/8 或 8/8	終於轉涼，秋天到了，可以開始種秋冬農作物。
處暑	23/8 或 24/8	暑氣停著。
白露	7/9 或 8/9	夜間較涼，會有露水，農作物開始生長。
秋分	23/9 或 24/9	第二個晝夜均等的日子，秋耕工作全面展開。
寒露	8/10 或 9/10	天氣清涼，較少暴雨。
霜降	23/10 或 24/10	深秋時分。
立冬	7/11 或 8/11	冬天來了。
小雪	22/11 或 23/11	氣溫持續下降。
大雪	7/12 或 8/12	小心寒流。
冬至	21/12 或 22/12	白晝最短的一天。
小寒	5/1 或 6/1	天氣寒冷。
大寒	20/1 或 21/1	最冷的日子來到，春天也就不遠了，開始計劃新一年的種植大計。

衷心感謝

《飲食男女》總編輯馬美慶，我冒昧自薦，她居然答應開專欄，沒有這份稿費，就沒有經費到處採訪，報導也幸運地可以每周發表。

香港永續農業關注協會創辦人袁易天，我對農業完全是門外漢，是他開墾的南涌農場，讓我瞥見這個懾人天地。

致力提高有機耕種技術的 O - Farm 負責人葉子盛，閱讀了本書初稿，指出好些農業資料錯處，不同農夫往往有不同說法，我一知半解不時誤會，幸好他指正。

Jay 長期幫忙攝影。

陳雲先生替本書寫序，點出「地產」真義，九十年代曾經訪問的報導為《容不下回憶的都市》，期後保育成為我城社運主調之一，先生先見之明令人折服。

李香蘭的插圖，令本書大大生色，她也是我的鄰居，很高興可以一起去尋找禾輋菜田。

三聯書店副總編輯李安長期鼓勵及支持；編輯饒雙宜在這專欄最初上載上網時，已經撥冗閱讀；經設計師黃沛盈處理的相片，簡直不能相信是我拍的。

還有閱讀這本書及專欄的你。

在香港居然有空間一直報導農業，真是不可思議啊！

香港正菜

陳曉蕾

責任編輯　饒雙宜
書籍設計　黃沛盈
扉頁插圖　李香蘭
美術協助　袁施雅

出　　版　三聯書店（香港）有限公司
香港北角英皇道四九九號北角工業大廈二十樓
Joint Publishing (Hong Kong) Co., Ltd.
20/F., North Point Industrial Building,
499 King's Road, North Point, Hong Kong

香港發行　香港聯合書刊物流有限公司
香港新界大埔汀麗路三十六號三字樓

印　　刷　中華商務彩色印刷有限公司
香港新界大埔汀麗路三十六號十四字樓

版　　次　二〇一〇年十月香港第一版第一次印刷
二〇一二年七月香港第一版第二次印刷

規　　格　特十六開（150mm × 228mm）三四〇面

國際書號　ISBN 978-962-04-3043-5